水利工程管理与
水文水资源建设

王佰惠　著

中华工商联合出版社

图书在版编目（CIP）数据

水利工程管理与水文水资源建设 / 王佰惠著. -- 北京：中华工商联合出版社，2023.11

ISBN 978-7-5158-3806-9

Ⅰ. ①水… Ⅱ. ①王… Ⅲ. ①水利工程管理②水文学③水资源 Ⅳ. ①TV6②P33③TV211

中国国家版本馆 CIP 数据核字（2023）第 225580 号

水利工程管理与水文水资源建设

作　　者：王佰惠
出 品 人：刘　刚
责任编辑：李红霞　孟　丹
装帧设计：程国川
责任审读：付德华
责任印制：陈德松
出版发行：中华工商联合出版社有限责任公司
印　　刷：北京毅峰迅捷印刷有限公司
版　　次：2024 年 3 月第 1 版
印　　次：2024 年 3 月第 1 次印刷
开　　本：787mm×1092mm　1/16
字　　数：161 千字
印　　张：12
书　　号：ISBN 978-7-5158-3806-9
定　　价：68.00 元

服务热线：010-58301130-0（前台）
销售热线：010-58302977（网点部）
　　　　　010-58302166（门店部）
　　　　　010-58302837（馆配部、新媒体部）
　　　　　010-58302813（团购部）
地址邮寄：北京市西城区西环广场 A 座
　　　　　19-20 层，100044
http://www.chgslcbs.cn
投稿热线：010-58302907（总编室）

前　言

随着社会经济的发展和人口的不断增长,水利事业的基础地位越来越突出,也越来越重要。近些年来,我国加大对水利基础设施建设的投入,水利工程建设进入前所未有的发展阶段。

随着经济和科技的发展,水利工程建设在不断完善,但其中也存在很多问题,因此,加强水利工程的管理,保证工程安全高效运行,充分发挥水利工程最大经济效益,具有重要意义。

水文水资源建设作为我国经济建设中重要的基础产业,不仅能给人们日常生产生活提供电能,还起到一定的交通、防洪、养殖的作用。水文水资源的建设项目是一种比较特殊的工程,不仅具有一般项目的唯一性、整体性、一次性和固定性,还具有点多、面广、线长以及交通不便等特点,因此,水文水资源项目建设具有一定的难度。

本书分为两部分:第一部分包括水利工程管理概述、水利工程施工项目质量管理、水利工程合同管理等内容;第二部分包括水文水资源的基础理论、水资源的开发与利用、水资源可持续利用与保护等内容。本书论述严谨,结构合理,条理清晰,内容丰富,能为当前的水利工程管理与水文水资源建设相关理论的深入研究提供借鉴。

在本书的撰写过程中,参考和借鉴了部分学者和专家的研究成果,在此表示诚挚的谢意。由于知识水平有限,加上时间仓促,书中难免有疏漏与不妥之处,敬请广大读者批评指正。

目　录

第一章

水利工程管理概述

第十章

水利工程管理技术

第一节 水利工程与水利工程管理

一、水利工程

(一) 水利工程的含义

水利工程是用于控制和调配自然界的地表水和地下水，达到除害兴利目的而修建的工程，也称为水工程，包括防洪、排涝、灌溉、水力发电、引（供）水、滩涂治理、水土保持、水资源保护等各类工程。水是人类生产和生活必不可少的宝贵资源，但其自然存在的状态并不完全符合人类的需要。只有修建水利工程，才能控制水流，防止洪涝灾害，并进行水量的调节和分配，以满足人民生活和生产对水资源的需要。

(二) 水利工程的分类

水利工程可以从投资和功能进行分类。

1. 按照工程功能或服务对象分类

(1) 防洪工程：防止洪水灾害的防洪工程。

(2) 农业生产水利工程：为农业、渔业服务的水利工程总称。具体包括以下几类：防止旱、涝、渍灾，为农业生产服务的农田水利工程（或称灌溉和排水工程）；保护和增进渔业生产的渔业水利工程；围海造田，满足工农业生产或交通运输需要的海涂围垦工程等。

(3) 水力发电工程：将水能转化为电能的水力发电工程。

(4) 航道和港口工程：改善和创建航运条件的航道和港口工程。

(5) 供（排）水工程：为工业和生活用水服务，并处理和排除污水和雨水的城镇供水和排水工程。

(6) 环境水利工程：防止水土流失和水质污染，维护生态平衡的水土保持工程和环境水利工程。

一项水利工程同时为防洪、灌溉、发电、航运等多种目标服务的，称为综合利用水利工程。

2. 按照水利工程投资主体的不同性质分类

（1）中央政府投资的水利工程。这种投资也称国有工程项目。这样的水利工程一般都是跨地区、跨流域，建设周期长、投资数额巨大的水利工程。其对社会和群众的影响范围广大而深远，在国民经济的投资中占有一定比重，产生的社会效益和经济效益也非常明显。如黄河小浪底水利枢纽工程、长江三峡水利枢纽工程、南水北调工程等。

（2）地方政府投资兴建的水利工程。有一些水利工程属地方政府投资的，也属国有性质，仅限于小流域、小范围的中型水利工程，但其作用并不小，在当地发挥的作用相当大，不可忽视。也有一部分是国家投资兴建的，之后又交给地方管理，这些工程也属于地方管辖的水利工程。

（3）个体兴建的水利工程。这是在改革开放之后，特别是在 20 世纪 90 年代之后才出现的。这种工程虽然不大，但一经出现便表现出很强的生命力，既有防洪、灌溉功能，又有恢复生态的功能，还有旅游观光的功能。

（三）水利工程的特征

1. 规模大，工程复杂

水利工程一般规模大，工程复杂，工期较长。工作中涉及天文、地理等自然知识的积累和实施，其中又涉及水的推力、渗透力等专业知识与各地区的人文风情和传统。水利工程的建设时间很长，需要几年甚至更长的时间准备和筹划，人力、物力的消耗也大，如丹江口水利枢纽工程、三峡工程等。

2. 综合性强，影响大

水利工程的建设会给当地居民带来很多好处，但是由于兴建会导致人与动物的迁徙，也会造成一定的生态破坏。因此，水利工程的建设要与其他各项水利有机组合，符合国民经济的政策。为了使损失和影响面缩小，就需要在工程规划设计阶段系统性、综合性地进行分析研究，从全局出发，统筹兼顾，达到经济和社会环境的最佳组合。

3．效益具有随机性

每年的水文状况或其他外部条件的改变会导致整体经济效益的变化。农田水利工程还与气象条件的变化密切联系。

4．对生态环境有很大影响

水利工程不仅对所在地区的经济和社会产生影响，还会对江河、湖泊以及附近地区的自然面貌、生态环境产生不同程度的影响，甚至会改变当地的气候和动物的生存环境。这种影响有利有弊。

从正面影响来说，有利于改善当地水文生态环境，修建水库可以将原来的陆地变为水体，增大水面面积，增加蒸发量，缓解局部地区在温度和湿度上的剧烈变化，在干旱和严寒地区尤为适用；可以调节流域局部小气候，主要表现在降雨、气温、风等方面。由于水利工程会改变水文和径流状态，因此会影响水质、水温和泥沙条件，从而改变地下水补给，提高地下水位，影响土地利用。

从负面影响来说，由于工程对自然环境进行改造，势必会产生一定的负面影响。以水库为例，兴建水库会直接改变水循环和径流情况。从国内外水库运行经验来看，蓄水后的消落区可能出现滞流、缓流，从而形成岸边污染带；水库水位回落侵蚀，会导致水土流失严重，加剧地质灾害发生；周围生物链改变、物种变异，影响生态系统稳定。

任何事情都有利有弊，关键在于如何最大限度地削弱负面影响。随着技术的进步，水利工程不仅要满足日益增长的人民生活和工农业生产发展对水资源的需要，而且要更多地为保护和改善环境服务。

二、水利工程管理

（一）水利工程管理的概念

从专业角度看，水利工程管理分为狭义水利工程管理和广义水利工程管理。狭义的水利工程管理是指对已建成的水利工程进行检查观测、养护修理和调度运用，保障工程正常运行并发挥设计效益的工作。广义的水利工程管理是指除以上技术管理工作外，还包括水利工程行政管理、经济管理和法治管理等方面，如水利事权的划分。显然，我们更关注广义水利工程管理，即在深入区别各种水利工程的性质和具体作用的基础上，尽最大可能趋利避害，充分发挥水利工程的社会效益、经济效益和生态效益，加强对水利工程的引导和管理。只有通过科学管理，才能发挥水利工程最佳的综合效益，也不能保护和合理运用已建成的水利工程设施，调节水资源，为社会经济发展和人民生活服务。

（二）工程技术视角下水利工程管理的主要内容

从利用和保障水利工程的功能出发，水利工程管理工作的主要内容包括：水利工程的使用、水利工程的养护工作、水利工程的检测工作、水利工程的防汛抢险工作、水利工程扩建和改建工作。

1. 水利工程的使用

水利工程与河川径流有着密切的关系，其变化同河川径流一样是随机的，具有多变性和复杂性，但径流在一定范围内有一定的变化规律，要根据其变化规律，对工程进行合理运用，确保工程的安全和发挥最大效益。工程的合理运用主要是制订合理的工程防汛调度计划和工程管理运行方案等。

2. 水利工程的养护工作

由于各种主观原因和客观条件的限制，水利工程建筑物在规划、设计和施工过程中难免会存在薄弱环节，这使得水利工程在运用过程中，难免会出现这样或那样的缺陷和问题。特别是水利工程长期处在水下工作，自然条件的变化和管理运用不当，将会使工程发生意外的变化。所以，要对工程进行长期的监护，发现问题及时维修，消除隐患，保持工程的完好状态和安全运行，以发挥其应有的作用。

3. 水利工程的检测工作

水利工程的检测工作也是水利工程的重要工作内容。要做到定期对水利工程进行检查，如果检查中发现问题，要及时进行分析，找出问题的根源，尽快进行整改，以此来提高工程的运用条件，从而不断提高科学技术管理水平。

4. 水利工程的防汛抢险工作

防汛抢险是水利工程的一项重点工作。特别是对于那些大中型的病险工程，要注意日常的维护，以避免危情的发生。同时，防汛抢险工作要立足于防大汛、抢大险、救大灾，提前做好防护工作，确保水利工程的安全。

5. 水利工程扩建和改建工作

当原有水工建筑物不能满足新技术、新设备、新的管理水平的要求，或者在运用过程中发现建筑物有重大缺陷需要消除时，应对原有建筑物进行改建和扩建，从而提高工程的基础能力，满足工程运行管理的发展和需求。

(三) 水利工程管理的目标

水利工程管理的目标是确保项目质量安全，延长工程使用寿命，保证设施正常运转，做好工程使用全程维护，充分发挥工程和水资源的综合效益，逐步实现工程管理科学化、规范化，为国民经济建设提供更好的服务。

1. 确保项目的质量安全

因水利工程涉及防洪、抗旱、治涝、发电、调水、农业灌溉、居民用水、水产经济、水运、工业用水、环境保护等重要内容，一旦出现工程质量问题，所有与水利相关的生活生产活动都将受到阻碍，沿区上游和下游都将受到威胁。因此，工程的质量安全不仅关系着一方经济的发展，还影响着人民身体的健康与安全。

2. 延长工程的使用寿命

水利工程消耗资金较多，施工规模较大，影响范围较广，所以一项工程的运转就是百年大计。因此，水利工程管理要贯穿项目的始末，从图纸设计到施工内容、竣工验收、工程使用等各个方面在科学合理的范围内对如何延长使用寿命进行管理，以减少资源的浪费，充分发挥最大效益。

3. 保证设施的正常运转

水利工程管理具有综合性、系统性特征，因此水利工程项目的正常运转需要各个环节的控制、调节与搭配，正确操作器械和设备，协调多样功能的发挥，提高工作效率，加强经营管理，提高经济效益，减少事故发生，确保各项事业不受影响。

4. 做好工程使用的全程维护

对于综合性的大型项目或大型组合式机械设备来说，设备某一部分或单一零件出现问题，都会对工程的使用和寿命造成影响。因此，水利工程管理工作还包括对项目或机械设备进行定期保养与维护，及时发现隐患，保证工程的正常运行。

第二节　水利工程管理的地位

一、水利工程在国民经济和社会发展中的地位

我国是水利大国，水利工程是抵御洪涝灾害、保障水资源供给和改善水环境的基础建设工程，在国民经济中占有非常重要的地位。水利工程在防洪减灾、粮食安全、供水安全、生态建设等方面起到了很重要的保障作用，其公益性、基础性、战略性毋庸置疑。

我们国家向来重视水利工程的建设，治水历史源远流长，一部中华文明史也就是中华民族的治水史。古人云："治国先治水，有土才有邦。"水利的发展直接影响到国家的发展，治水是个历史性难题。历史上著名的治水名人有大禹、李冰、王景等，他们在治水方面取得了卓越的成绩，其治水思想都闪耀着中国古人的智慧光芒。人类进入 21 世纪，科学技术日新月异，为了根治水患，各种水利工程也相继开建。由此可见，水利工程是支持国民经济发展的基础，其对国民经济发展的支撑能力主要表现为满足国民经济发展的资源性水需求，提供生产、生活用水，提供水资源相关的经济活动基础，如航运、养殖等，同时为国民经济发展提供环境性用水需求，发挥净化污水、容纳污染物、缓冲污染物对生态环境的冲击等作用。如以商品和服务划分，则水利工程为国民经济发展提供了经济商品、生态服务和环境服务等。

在支撑经济社会发展方面，大量蓄水、引水、提水工程有效提升了我国水资源的调控能力和城乡供水保障能力。中华人民共和国成立以来，我国总供水量有显著增加。供水工程建设为国民经济发展、工农业生产、人民生活提供了必要的供水保障条件，在这些方面发挥了重要的支撑作用。农村饮水安全人口、全国水电总装机容量、水电年发电量均有显著增加。因水利工程的建设以及科学的水利工程管理作用，全国水土流失综合治理面积也日益增加。

水利工程之所以能够发挥如此重要的作用，与科学的水利工程管理密不可分。由此可见，水利工程管理在我国国民经济和社会发展中占据十分重要的地位。

二、水利工程管理在工程管理中的地位

工程管理是指为实现预期目标，有效地利用资源，对工程所进行的决策、计划、组织、指挥、协调与控制，是对具有技术成分的活动进行计划、组织、资源分配以及指导和控制的科学和艺术。工程管理的对象和目标是工程，是指专业人员运用科学原理对自然资源进行改造的一系列过程，可为人类活动创造更多便利条件。工程建设需要应用物理、数学、生物等基础学科知识，并在生产生活实践中不断总结经验。水利工程管理作为工程管理理论和方法论体系中的重要组成部分，既有与一般专业工程管理相同的共性，又有与其他专业工程管理不同的特殊性，其工程的公益性（兼有经营性、安全性、生态性等特征），使水利工程管理在工程管理体系中占有独特的地位。水利工程管理又是生态管理、低碳管理和循环经济管理，是建设资源节约型社会和环境友好型社会的必要手段，可以作为我国工程管理的重点和示范，对我国转变经济发展方式、走可持续发展道路和建设创新型国家影响深远。

水利工程管理是水利工程的生命线，贯穿于项目的始末，包含着对水利工程质量、安全、经济、适用、美观、实用等方面的科学、合理的管理，以充分发挥工程作用，提高使用效益。由于水利工程项目规模

大、施工条件比较艰难、涉及环节较多、服务范围较广、影响因素复杂、组成部分较多、功能系统较全，在设计规划、地形勘测、现场管理、施工建筑阶段难免出现问题或纰漏。另外，由于水利设备长期处于水中作业，受到外界压力、腐蚀、渗透、融冻等各方面影响，经过长时间的运作，磨损速度较快，所以需要通过管理进行完善、修整、调试，以更好地进行工作，确保国家和人民生命与财产的安全、社会的进步与安定、经济的发展与繁荣。

第三节　水利工程管理的作用

一、水利工程管理对国民经济发展的推动作用

　　水利工程是国民经济的基础性产业，大规模水利工程建设可以取得良好的社会效益和经济效益，为经济发展和人民安居乐业提供基本保障，为国民经济健康发展提供有力支撑。大型水利工程是具有综合功能的工程，它具有巨大的防洪、发电、航运功能和一定的旅游、水产养殖等效益。它的建设对促进相关区域的经济社会发展具有重要的战略意义。大型水利工程将促进沿途城镇的合理布局与调整，使沿江原有城市规模扩大，促进新城镇的建立和发展，使城镇人口上升，加快城镇化建设的进程。同时，科学的水利工程管理也与农业发展密切相关。农业是国民经济的基础，要想建立起稳固的农业基础，首先要着力改善农业生产条件，促进农业发展。水利是农业的命脉，重点建设农田水利工程，优先发展农田灌溉是必然的选择。农田水利还为保障国家粮食安全作出巨大贡献，巩固了农业在国民经济中的基础地位，从而保证国民经济能够长期持续地健康发展以及社会的稳定和进步。经济发展和人民生活的改善都离不开水，水利工程为城乡经济发展、人民生活改善提供了必要的保障条件。科学的水利工程管理又为水利工程的完备建设提供了保障。

水利工程管理对国民经济发展的推动作用主要体现在如下两方面：

（一）对转变经济发展方式和可持续发展的推动作用

传统发展观以工业化程度来衡量经济社会的发展水平。自 18 世纪初工业革命开始以来，在长达 200 多年受人称道的工业文明时代，人们借助科学技术革命的力量，大规模地开发自然资源，创造了巨大的物质财富和现代物质文明，但也使全球生态环境和自然资源遭到了最严重的破坏。显然，工业文明相对于小生产的"农业文明"而言，是一个巨大飞跃。但它给人类社会与大自然带来了巨大的灾难和不可估量的负效应。人口爆炸、资源短缺、环境恶化、生态失衡已成为困扰全人类的四大显性危机。面对传统发展观支配下的工业文明带来的巨大负效应和威胁，自 20 世纪 30 年代以来，世界各国的科学家开始不断地发出警告，经过理论界苦苦求索，人类终于探索出了一种新的发展观——可持续发展观。

从水资源与社会、经济、环境的关系来看，水资源既是人类生存不可替代的一种宝贵资源，也是经济发展不可缺少的一种物质基础，还是生态与环境维持正常状态的基础条件。因此，可持续发展，也就是要求社会、经济、资源、环境的协调发展。

传统的水利工程模式单纯依靠兴修工程防御洪水，依靠增加供水满足国民经济发展对于水的需求。这种通过消耗资源换取增长、牺牲环境谋取发展的方式，是一种粗放、扩张、外延型的增长方式。这种增长方式在支撑国民经济快速发展的同时，也付出了资源枯竭、环境污染、生态破坏的沉重代价，因而是不可持续的。

面对新的形势和任务，科学的水利工程管理利于制定合理规范的水资源利用方式。科学的水利工程管理有利于我国经济发展方式从粗放、扩张、外延型转变为集约、内涵型；有利于开源节流，全面推进节水型社会建设，调节不合理需求，提高用水效率和效益，进而保障水资源的可持续利用与国民经济的可持续发展。

（二）对农业生产和农民生活水平提高的促进作用

水利工程管理是促进农业生产发展、提高农业综合生产能力的基本条件。农业是第一产业，民以食为天，农村生产的发展首先是以粮食为中心的农业综合生产能力的发展，而农业综合生产能力提高的关键在于农业水利工程的建设和管理。另外，加强农业水利工程管理有利于提高农民生活水平与质量。社会主义新农村建设一个十分重要的目标就是增加农民收入，提高农民生活水平，而加强农村水利工程等基础设施建设和管理成为基本条件。如可以通过农村饮水工程保障农民饮水安全；通过供水工程的有效管理，带动农村环境卫生和个人条件的改善，降低各种流行疾病的发病率。

水利工程在国民经济发展中具有极其重要的作用，科学的水利工程管理会带动很多相关产业的发展，如农业灌溉、养殖、航运、发电等。水利工程使人类生生不息，并促进了社会文明的前进。从一定程度上讲，水利工程推动了现代产业的发展，若缺失了水利工程，也许社会就会停滞不前，人类的文明也将受到挑战。

科学的水利工程管理可推动农业的发展。"有收无收在于水、收多收少在于肥"的农谚道出了水利工程对粮食和农业生产的重要性。而完备的水利工程建设离不开科学的水利工程管理。首先，科学的水利工程管理有利于解决灌溉问题，消除旱情灾害。农业生产主要追求粮食产量，以种植水稻、小麦、油菜为主，但是这些作物如果在没有水或者在水资源比较缺乏的情况下会极大地影响它们的产量，从而给农民的经济带来损失。加强农田水利工程建设可以满足粮食作物的生长需要，解决灌溉问题，消除旱情灾害，给农民带来可观的收益。其次，科学的水利工程管理有利于节约农田用水，减少农田灌溉用水损失。在大涝之年农田通水不缺少的情况下，可以利用水利工程建设将多余的水积攒起来，以便日后需要时使用。另外，蔬菜、瓜果、苗木实施节水灌溉是促进农业结构调整的必要保障。加大农业节水力度、减少灌溉用水损失，有利于解决农业面的污染，有利于转变农业生产方式，有利于提高农业生产力。这就大大减少了水资源的浪费，起到了节约农田用水的目的。最后，科学的水利工程管理有利于减少农田的水土流失。当发生大涝灾害时，水土资源会受到极大的影响，肥沃的土地肥料会因洪涝的发生而减少，丰富的土质结构也会遭到破坏，农作物产量亦会随之减少。而通过科学的水利工程管理，兴修渠道，引水入海，有利于减少农田水土流失。

（三）对其他各产业发展的推动作用

科学的水利工程管理可推动水产养殖业的发展。首先，科学的水利工程管理有利于改良农田水质。近年来，水污染带来的水环境恶化、水质破坏问题日益严重，水产养殖受此影响很大。而科学的水利工程管理，有利于改良农田水质，促进水产养殖业的发展。其次，科学的水利工程管理有利于扩大鱼类及水生物生长环境，为渔业发展提供有利条件。如三峡工程建坝后，库区改变原来滩多急流型河道的生态环境，水面较天然河道增加近两倍，上游有机物质、营养盐将有部分滞留库区，有利于饵料生物和鱼类繁殖生长。冬季下游流量增大，鱼类越冬条件将有所改善。这些条件的改善，均利于推动水产养殖业的发展。

科学的水利工程管理可推动航运的发展。以三峡工程为例，据预测，川江下水运量到2030年将达到5000万吨。不修建三峡工程，虽可采取航道整治辅以出川铁路分流，满足5000万吨出川运量的要求，但工程量很大，且无法改善川江坡陡流急的现状，万吨级船队不能直达重庆，运输成本也难大幅度降低。而三峡水利工程的修建，推动了三峡附近区域的航运发展。而欲使三峡工程最大限度地发挥其航运作用，需对其予以科学的管理。故而科学的水利工程管理可推动航运的发展。

科学的水利工程管理还可对旅游业的发展起到推动作用。水利工程旅游业的发展既可以发掘各地沿河水资源的潜在效益，带动沿线地方经济的发展，促进经济结构、产业结构的调整，也可以促进水生态环境的改善，美化净化城市环境，提高人民生活质量，并提高居民收入。由于水利工程旅游业涉及交通运输、住宿餐饮、导游等众多行业，依托水利工程旅游，可提高地方整体经济水平，并增加就业机会，甚至吸引更多劳动人口，进而推动旅游服务业的发展，提高居民的收入水平和生活标准。

科学的水利工程管理也有助于优化电能利用。目前，水电工程已成为维持我国电力需求正常供应的重要来源，而科学的水利工程管理有助于水利电能的合理开发与利用。

二、我国水利工程管理对生态文明的促进作用

科学的水利工程管理对生态文明的促进作用主要体现在以下几个方面。

（一）对资源节约的促进作用

节约资源是保护生态环境的根本之策。节约资源意味着价值观念、生产方式、生活方式、行为方式、消费模式等多方面的变革，涉及各行各业，与每个企业、单位、家庭、个人都有关系，需要全民积极参与。必须利用各种方式在全社会广泛培育节约资源意识，大力倡导珍惜资源、节约资源风尚，明确确立和牢固树立节约资源理念，形成节约资源的社会共识和共同行动，全社会齐心合力共同建设资源节约型、环境友好型社会。资源是提高社会生产力和改善居民生活的重要支撑，节约资源的目的并不是减少生产和降低居民消费水平，而是使生产相同数量的产品能够消耗更少的资源，或者用相同数量的资源能够生产更多的产品、创造更高的价值，使有限的资源能更好地满足人民群众物质文化生活需要。只有通过资源的高效利用，才能实现这个目标。因此，转变资源利用方式，推动资源高效利用，是节约利用资源的根本途径。要通过科技创新和技术进步深入挖掘资源利用效率，促进资源利用效率不断提升，真正实现资源高效利用，努力用最小的资源消耗支撑经济社会发展。

科学的水利工程管理有助于完善水资源管理制度，加强水源地保护和用水总量管理，加强用水总量控制和定额管理，制订和完善江河流域

水量分配方案，推进水循环利用，建设节水型社会。科学的水利工程管理，还可以促进水资源的高效利用，减少资源消耗。

我国经济社会快速发展和人民生活水平提高对水资源的需求与水资源时空分布不均以及水污染严重的矛盾，对建设资源节约型和环境友好型社会形成倒逼机制。人的命脉在田，在人口增长和耕地减少的情况下保障国家粮食安全对农田水利建设提出了更高的要求。水利工作需要正确处理经济社会发展和水资源的关系，全面考虑水的资源功能、环境功能和生态功能，对水资源进行合理开发、优化配置、全面节约和有效保护。水利面临的新问题需要有新的应对之策，而水利工程管理又是由问题倒逼而产生，同时又在不断解决问题中得以深化。

（二）对环境保护的促进作用

地球的储水量是很丰富的，共有 $14.5 \times 10^9 \ \text{km}^3$ 之多。但实际上，地球上 97.5% 的水是咸水，淡水仅有 2.5%。而在淡水中，将近 70% 冻结在南极和格陵兰的冰盖中，其余的大部分是土壤中的水分或是深层地下水，难以供人类开采使用。江河、湖泊、水库等来源的水较易于开采供人类直接使用，但其数量不足世界淡水的 1%，约占地球上全部水的 0.007%。全球淡水资源不仅短缺而且地区分布极不平衡，而我国又是一个干旱、缺水严重的国家，扣除难以利用的洪水径流和散布在偏远地区的地下水资源后，我国现实可利用的淡水资源量则更少。而科学的水利工程管理可以促进淡水资源的科学利用，加强水资源的保护，对环境保护起到促进性的作用。同时，科学的水利工程管理可以加快水力发电工程的建设，而水电又是一种清洁能源，水电的发展有助于减少污染物的排放，进而保护环境。

（三）对农村生态环境改善的促进作用

水利工程管理对农村生态环境改善的促进作用可以归纳为以下几点：

1. 解决旱涝灾害

水资源作为人类生存和发展的根本，具有不可替代的作用，但是对于我国而言，由于不同气候条件的影响，水资源的空间分布极不均匀，南方水资源丰富，在雨季常常出现洪涝灾害，而北方水资源相对不足，常见干旱，这两种情况都在很大程度上影响了农业生产的正常进行，影响着人们的日常生产和生活。而水利工程管理可以有效解决我国水资源分布不均的问题，解决旱涝灾害，促进经济的持续健康发展，如南水北调工程就是其中的代表性工程。

2. 改善局部生态环境

在经济发展的带动下，人们的生活水平不断提高，人口数量不断增加，对于资源和能源的需求也在不断提高，现有的资源已经无法满足人们的生产和生活需求。而通过水利工程的兴建和有效管理，不仅可以有效消除旱涝灾害，还可以对局部区域的生态环境进行改善，增加空气湿度，促进植被生长，为经济的发展提供良好的环境支持。

3. 优化水文环境

水利工程管理能够对水污染问题进行及时有效的治理，对河流的水质进行优化。以黄河为例，由于上游黄土高原的土地沙化问题严重，河流在经过时，会携带大量的泥沙，产生泥沙的淤积和拥堵现象，而通过兴修水利工程，利用蓄水、排水等操作，可以大大增加下游的水流速度，对泥沙进行排泄，保证河道的畅通。

第二章

水利工程施工项目质量管理

第一节 施工质量保证体系的建立与运行

一、工程项目施工质量保证体系的内容和运行

在工程项目施工中，完善的质量保证体系是满足用户质量要求的保证。施工质量保证体系通过对那些影响施工质量的要素进行连续评价，对建筑、安装等工作进行检查，并提供证据。质量保证体系是企业内部一种系统的技术和管理手段。在合同环境中，施工质量保证体系可以向建设单位（项目法人）证明，施工单位具有足够的管理和技术上的能力，保证全部施工是在严格的质量管理中完成的，从而取得建设单位（项目法人）的信任。

质量保证体系是为了保证某项产品或某项服务能满足给定的质量要求的体系，包括质量方针和目标，以及为实现目标所建立的组织结构系统、管理制度办法、实施计划方案和必要的物质条件组成的整体。质量保证体系的运行包括该体系全部有目标、有计划的系统活动。其内容主要包括以下几个方面：

（一）施工项目质量目标

施工项目质量保证体系必须有明确的质量目标，并符合项目质量总目标的要求；要以工程承包合同为基本依据，逐级分解目标以形成在合同环境下的项目施工质量保证体系的各级质量目标。施工项目质量目标的分解主要从两个角度展开，即从时间角度展开，实施全过程的管理；从空间角度展开，实现全方位和全员的质量目标管理。

（二）施工项目质量计划

施工项目质量保证体系应有可行的质量计划。质量计划应根据企业的质量手册和项目质量目标来编制。施工项目质量计划可以按内容分为施工质量工作计划和施工质量成本计划。施工质量工作计划主要包括：质量目标的具体描述和对整个项目施工质量形成的各工作环节的责任和

权限的定量描述；采用的特定程序、方法和工作指导书；重要工序（工作）的试验、检验、验证和审核大纲；质量计划修订程序；为达到质量目标所采取的其他措施。施工质量成本计划是规定最佳质量成本水平的费用计划，是开展质量成本管理的基准。质量成本可分为运行质量成本和外部质量保证成本。运行质量成本是指为运行质量体系达到和保持规定的质量水平所支付的费用，包括预防成本、鉴定成本、内部损失成本和外部损失成本。外部质量保证成本是指依据合同要求向顾客提供所需要的客观证据所支付的费用，包括特殊的和附加的质量保证措施、程序、数据、证实试验和评定的费用。

（三）思想保证体系

用全面质量管理的思想、观点和方法，使全体人员真正树立起强烈的质量意识。主要通过树立"质量第一"的观点，增强质量意识，贯彻"一切为用户服务"的思想，以达到提高施工质量的目的。

（四）组织保证体系

工程施工质量是各项管理工作成果的综合反映，也是管理水平的具体体现。必须建立健全各级质量管理组织，分工负责，形成一个有明确任务、职责、权限、互相协调和互相促进的有机整体。组织保证体系主要由成立质量管理小组（QC小组），健全各种规章制度，明确规定各职能部门主管人员和参与施工人员在保证和提高工程质量中所承担的任务、职责和权限，建立质量信息系统等内容构成。

（五）工作保证体系

工作保证体系主要是明确工作任务和建立工作制度，要落实在以下三个阶段：

1. 施工准备阶段的质量管理

施工准备是为整个工程施工创造条件。准备工作的好坏不仅直接关系工程建设能否高速、优质地完成，而且也决定了能否对工程质量事故起到一定的预防、预控作用。因此，做好施工准备的质量管理是确保施工质量的首要工作。

2. 施工阶段的质量管理

施工过程是建筑产品形成的过程，这个阶段的质量管理是确保施工质量的关键。必须加强工序管理，建立质量检查制度，严格实行自检、互检和专检，开展群众性的质量控制活动，强化过程管理，以确保施工阶段的工作质量。

3. 竣工验收阶段的质量管理

工程竣工验收是指单位工程或单项工程竣工，经检查验收，移交给下一道工序或移交给建设单位。这一阶段主要应做好成品保护，严格按规范标准进行检查验收和必要的处置，不让不合格工程进入下一道工序或进入市场，并做好相关资料的收集整理和移交，建立回访制度等。

二、施工质量保证体系的运行

施工质量保证体系的运行应以质量计划为主线，以过程管理为重心，按照 PDCA（Plan、Do、Check、Act，即计划、执行、检查、处理）循环的原理，通过计划、实施、检查和处理的步骤开展管理。质量保证体系运行状态和结果的信息应及时反馈，以便进行质量保证体系的能力评价。

（一）计划

计划是质量管理的首要环节，通过计划，确定质量管理的方针、目标，以及实现方针、目标的措施和行动方案。计划包括质量管理目标的确定和质量保证工作计划。质量管理目标的确定，就是根据项目自身可能存在的质量问题、质量通病以及与国家规范规定的质量标准对比的差距，或者用户提出的更新、更高的质量要求所确定的项目在计划期应达到的质量标准。质量保证工作计划，就是为实现上述质量管理目标所采用的具体措施的计划。质量保证工作计划应做到材料、技术、组织三落实。

（二）执行

实施包含两个环节，即计划行动方案的交底和按计划规定的方法及要求展开的施工作业技术活动。首先，要做好计划的交底和落实。落实包括组织落实、技术和物资材料的落实。有关人员要经过培训、实习并经过考核合格再执行。其次，计划的执行要依靠质量保证工作体系，也就是要依靠思想工作体系，做好教育工作；依靠组织体系，即完善组织机构、责任制、规章制度等各项工作；依靠产品形成过程的质量管理体系，做好质量管理工作，以保证质量计划的执行。

（三）检查

检查就是对照计划，检查执行的情况和效果，及时发现计划执行过程中的偏差和问题。检查一般包括两个方面：一是检查是否严格执行了计划的行动方案，检查实际条件是否发生变化，总结成功执行的经验，查明没按计划执行的原因；二是检查计划执行的结果，即施工质量是否达到标准的要求，并对此进行评价和确认。

（四）处理

处理就是在检查的基础上，把成功的经验加以肯定，形成标准，以利于在今后的工作中以此为处理的依据，巩固成果；同时采取措施，克服缺点，吸取教训，避免重犯错误，对于尚未解决的问题，则留到下一次循环再加以解决。

质量管理的全过程是反复按照 PDCA 的循环周而复始地运转，每运转一次，工程质量就提高一步。PDCA 循环具有大环套小环、互相衔接、互相促进、螺旋式上升，以及形成完整的循环和不断推进等特点。

第二节　施工阶段质量管理分析

一、施工质量管理的基本环节、依据和方法

（一）施工质量管理的基本环节

施工质量管理应贯彻全面、全过程质量管理的思想，运用动态管理原理，进行质量的事前管理、事中管理和事后管理。

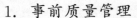

1. 事前质量管理

即在正式施工前进行的事前主动质保管理，通过编制施工项目质量计划，明确质量目标，制订施工方案，设置质量管理点，落实质量责任，分析可能导致质量目标偏离的各种影响因素，针对这些影响因素制定有效的预防措施，防患于未然。

2. 事中质量管理

即在施工质量形成过程中，对影响施工质量的各种因素进行全面的动态管理。事中质量管理首先是对质量活动的行为约束，其次是对质量活动过程和结果的监督管理。事中质量管理的关键是坚持质量标准，管理的重点是工序质量、工作质量和质量管理点的管理。

3. 事后质量管理

事后质量管理也称为事后质量把关，以使不合格的工序或最终产品（包括单位工程或整个工程项目）不流入下一道工序、不进入市场。事后管理包括对质量活动结果的评价、认定和对质量偏差的纠正。管理的重点是发现施工质量方面的缺陷，并通过分析提出施工质量改进的措施，保持质量处于受控状态。

以上三大环节不是互相孤立和截然分开的，它们共同构成有机的系统过程，实质上也就是质量管理 PDCA 循环的具体化，在每一次循环中不断提高，达到质量管理的持续改进。

（二）施工质量管理的依据

1. 共同性依据

共同性依据指适用于施工阶段且与质量管理有关的、通用的、具有普遍指导意义和必须遵守的基本条件。主要包括：工程建设合同；设计文件、设计交底及图纸会审记录、设计修改和技术变更等；国家和政府有关部门颁布的与质量管理有关的法律和法规性文件，如《中华人民共和国建筑法》《中华人民共和国招标投标法》和《建筑工程质量管理条例》等。

2. 专门技术法规性依据

专门技术法规性依据指的是针对不同的行业、不同质量管理对象制定的专门技术法规文件，包括规范、规程、标准、规定等。如水利工程建设项目质量检验评定验收标准；水利工程强制标准；有关建筑材料、半成品和构配件的质量方面的专门技术法规性文件；有关材料验收、包装和标志等方面的技术标准和规定；施工工艺质量等方面的技术法规性文件；有关新工艺、新技术、新材料、新设备的质量规定和鉴定意见等。

（三）施工质量管理的一般方法

1. 质量文件审核

审核有关技术文件、报告或报表是项目经理对工程质量进行全面管理的重要手段。这些文件包括：

（1）施工单位的技术资质证明文件和质量保证体系文件；

（2）施工组织设计和施工方案及技术措施；

（3）有关材料和半成品及构配件的质量检验报告；

（4）有关应用新技术、新工艺、新材料的现场试验报告和鉴定报告；

（5）反映工序质量动态的统计资料或管理图表；

（6）设计变更和图纸修改文件；

（7）有关工程质量事故的处理方案；

（8）相关方面在现场签署的有关技术签证和文件等。

2. 现场质量检查

（1）现场质量检查的内容

①开工前的检查

主要检查是否具备开工条件，开工后是否能够保持连续正常施工，能否保证工程质量。

②工序交接检查

对于重要的工序或对工程质量有重大影响的工序，应严格执行"三检"制度，即自检、互检、专检。未经监理工程师（或建设单位技术负责人）检查认可不得进行下一道工序施工。

③隐蔽工程的检查

施工中凡是隐蔽工程必须检查认证后方可进行隐蔽掩盖。

④停工后复工的检查

因客观因素停工或处理质量事故等停工复工时，经检查认可后方能复工。

⑤分项、分部工程完工后的检查

应经检查认可，并签署验收记录后，才能进行下一工程项目的施工。

⑥成品保护的检查

检查成品有无保护措施以及保护措施是否有效可靠。

（2）现场质量检查的方法

现场质量检查的方法主要有目测法、实测法和试验法等。

①目测法

即凭借感官进行检查，也称观感质量检验。其手段可概括为"看、摸、敲、照"四个字。所谓看，就是根据质量标准要求进行外观检查。例如，对混凝土衬砌的表面，检查浆砌石的错缝搭接，粉饰面颜色是否良好、均匀，工人的操作是否正常，混凝土外观是否符合要求等。摸，就是通过触摸手感进行检查、鉴别。例如，油漆的光滑度，掉粉、掉渣情况、粗糙程度等。敲，就是运用敲击工具进行音感检查，例如，对地面工程、装饰工程中的饰面等，均应进行敲击检查。照，就是通过人工光源或反射光照射，检查难以看到或光线较暗的部位。例如，管道井、电梯井等内的管线、设备安装质量，装饰吊顶内连接及设备安装质量等。

②实测法

通过实测数据与施工规范、质量标准的要求及允许偏差值进行对照，以此判断质量是否符合要求。其手段可概括为"量、靠、套、吊"

四个字。量，就是指用测量工具和计量仪表等检查断面尺寸、轴线、标高、湿度、温度等的偏差。例如，混凝土拌和料的温度，混凝土坍落度的检测等。靠，就是用直尺、塞尺检查诸如墙面、地面、路面等的平整度。套，就是以方尺套方，辅以塞尺检查。例如，对阴阳角的方正、预制构件的方正、门窗口及构件的对角线检查等。吊，就是利用托线板以及线锤吊线检查垂直度。例如，砌体垂直度检查、闸门导轨安装的垂直度检查等。

③试验法

指通过必要的试验手段对质量进行判断的检查方法。主要包括以下两种方法。

第一，理化试验。工程中常用的理化试验包括力学性能、物理性能方面的检验和化学成分及其含量的测定等两个方面。力学性能的检验如各种力学指标的测定，包括抗拉强度、抗压强度、抗弯强度、抗折强度、冲击韧性、硬度、承载力等。各种物理性能方面的测定，如密度、含水量、凝结时间、安定性及抗渗、耐磨、耐热性能等。化学成分及其含量的测定如钢筋中的磷、硫含量，混凝土中粗骨料中的活性氧化硅成分，以及耐酸、耐碱、抗腐蚀性等。此外，根据规定有时还需进行现场试验，如对桩或地基的静载试验、下水管道的通水试验、压力管道的耐压试验、防水层的蓄水或淋水试验等。

第二，无损检测。利用专门的仪器仪表从表面探测结构物、材料、设备的内部组织结构或损伤情况。常用的无损检测方法有超声波探伤、X 射线探伤、Y 射线探伤等。

二、施工准备的质量管理

（一）合同项目开工条件的准备

1. 承包人组织机构和人员

在合同项目开工前，承包人应向监理人呈报其实施工程承包合同的现场组织机构表及各主要岗位人员的主要资历，监理机构在总监理工程师主持下进行认真审查。施工单位按照投标承诺，组织现场机构，配备有类似工程长期经历和丰富经验的项目负责人、技术负责人、质量管理人员等技术与管理人员，并配备有能力对工程进行有效监督的工长和领班，投入顺利履行合同义务所需的技工和普工。

（1）项目经理资格

施工单位项目经理是施工单位驻工地的全权负责人，必须持有相应水利建造师执业资格证书和安全考核合格证书，并具有类似工程的长期经历和丰富经验，必须胜任现场履行合同的职责要求。

（2）技术管理人员和工人资格

必须向工地派遣或雇用技术合格和数量足够的下述人员：

①具有相应岗位资格的水利工程施工技术管理人员，如材料员、质检员、资料员、安全员、施工员等职业资格岗位人员；

②具有相应理论、技术知识和施工经验的各类专业技术人员及有能力进行现场施工管理和指导施工作业的工长；

③具有合格证明的各类专业技工和普工，技术岗位和特殊工种的工人均必须持有通过国家或有关部门统一考试或考核的资格证明，经监理机构审查合格者才准上岗，如爆破工、电工、焊工、登高架子工、起重工等工种均要求持相应职业技能岗位证书上岗。

同时，监理机构对未经批准人员的职务不予确认，对不具备上岗资格的人员完成的技术工作不予承认。监理机构根据施工单位人员在工作中的实际表现，要求施工单位及时撤换不能胜任工作或玩忽职守或监理机构认为由于其他原因不宜留在现场的人员。未经监理机构同意，不得允许这些人员重新从事该工程的工作。

（二）工地试验室和试验计量设备准备

试验检测是对工程项目的材料质量、工艺参数和工程质量进行有效管理的重要途径。施工单位检测试验室必须具备与所承包工程相适应并满足合同文件和技术规范、规程、标准要求的检测手段和资质。工地建立的试验室包括试验设备和用品、试验人员数量和专业水平，核定其试验方法和程序等。在见证取样情况下进行各项材料试验，并为现场监理人进行质量检查和检验提供必要的试验资料与成果。另外，试验室必须能够提供一些资料：

①检测试验室的资质文件（包括资格证书、承担业务范围及计量认证文件等的复印件）；

②检测试验室人员配备情况（姓名、性别、岗位工龄、学历、职务、职称、专业或工种）；

③检测试验室仪器设备清单（仪器设备名称、规格型号、数量、完好情况及其主要性能），仪器仪表的率定及检验合格证；

④各类检测、试验记录表和报表的式样；

⑤检测试验人员守则及试验室工作规程；

⑥其他需要说明的情况或监理部根据合同文件规定要求报送的有关材料。

（三）施工设备

①进场施工设备的数量和规格、性能以及进场时间是否符合施工合同约定要求。

②禁止不符合要求的设备投入使用并及时撤换。在施工过程中，对施工设备及时进行补充、维修、维护，满足施工需要。

③旧施工设备进入工地前，承包人应向监理提供该设备的使用和检修记录，以及具有设备鉴定资格的机构出具的检修合格证。经监理机构认可，方可进场。

④承包人从其他人处租赁设备时，则应在租赁协议书中明确规定。若在协议书有效期内发生承包人违约解除合同时，发包人或发包人邀请的其他承包人可以相同条件取得其使用权。

（四）对基准点、基准线和水准点的复核和工程放线

根据项目法人提供的测量基准点、基准线和水准点及其平面资料，以及国家测绘标准和本工程精度要求，测设自己的施工管理网，并将资料报送监理人审批。待工程完工后完好地移交给发包人。承包人应做好

施工过程中的全部施工测量工作，包括地形测量、放样测量、断面测量、支付收方测量和验收测量等，并配置合格的人员、仪器、设备和其他物品。在各项目施工测量前，还应将所采取措施的报告报送监理人审批。施工项目机构应负责管理好施工管理网点，若有丢失或损坏，应及时修复工程完工后应完好地移交给发包人。

（五）原材料、构配件及施工辅助设施的准备

进场的原材料、构配件的质量、规格、性能应符合有关技术标准和技术条款的要求，原材料的储存量应满足工程开工及随后施工的需要。

根据工程需要建设砂石料系统、混凝土拌和系统以及场内道路、供水、供电、供风等施工辅助设施。

（六）熟悉施工图纸，进行技术交底

施工承包人在收到监理人发布的施工图后，在用于正式施工之前应注意以下几个问题。

1. 检查该图纸是否已经监理人签字。

2. 熟悉施工图建筑物、设备、管线等工程对象的尺寸、布置、选用材料、构造、相互关系、施工及安装质量要求的详细图纸和说明，图纸有无正式签署，供图是否及时，是否与招标图纸一致（如不一致是否有设计变更），施工图中的各种技术要求是否切实可行，是否存在不便于施工或不能施工的技术要求，各专业图纸的平面、立面、剖面图之间是否有矛盾，几何尺寸、平面位置、标高等是否一致，标注是否有遗漏，地基处理的方法是否合理。

3. 对施工图进行仔细检查和研究。检查和研究的结果可能有以下几种情况。

（1）图纸正确无误，承包人应立即按施工图的要求组织实施，研究详细的施工组织和施工技术保证措施，安排机具、设备、材料、劳动力、技术力量进行施工。

（2）发现施工图纸中有不清楚的地方或有可疑的线条、结构、尺寸等，或者施工图上有互相矛盾的地方，承包人应向监理人提出"澄清要

求"，待这些疑点澄清之后再进行施工。监理人在收到承包人的"澄清要求"后，应及时与设计单位联系，并对"澄清要求"及时予以答复。

（3）根据施工现场的特殊条件、承包人的技术力量、施工设备和经验，认为对图纸中的某些方面可以在不改变原来设计图纸和技术文件的原则的前提下，进行一些技术修改，使施工方法更为简便，结构性能更为完善，质量更有保证，且并不影响投资和工期，此时，承包人可提出"技术修改"建议。这种"技术修改"可直接由监理人处理、并将处理结果书面通知设计单位驻现场代表。

4. 如果发现施工图与现场的具体条件，如地质、地形条件等有较大差别，难以按原来的施工图纸进行施工，此时，承包人可提出"现场设计变更建议"。

（七）施工组织设计的编制

施工组织设计是水利工程设计文件的重要组成部分，是工程建设和施工管理的指导性文件，认真做好施工组织设计，对整体优化设计方案、合理组织工程施工、保证工程质量、缩短建设周期、降低工程造价都有十分重要的作用。

在施工投标阶段，施工单位根据招标文件中规定的施工任务、技术要求、施工工期及施工现场的自然条件，结合本单位的人员、机械设备、技术水平和经验，在投标书中编制了施工组织设计。对拟承包工程做出了总体部署，如工程准备采用的施工方法、施工工序、机械设计和技术力量的配置，内部的质量保证系统和技术保证措施。施工单位中标并签订合同后，这一施工组织设计也就成了施工合同文件的重要组成部分。在施工单位接到开工通知后，按合同规定时间，进一步提交更为完备、具体的施工组织设计，并征得监理机构的批准。

三、施工过程的质量管理

（一）技术交底

做好技术交底是保证施工质量的重要措施之一。项目开工前应由项目技术负责人向承担施工的负责人或分包人进行书面技术交底，技术交底资料应办理签字手续并归档保存。每一分部工程开工前均应进行作业技术交底。技术交底书应由施工项目技术人员编制，并经项目技术负责人批准实施。技术交底的内容主要包括任务范围、施工方法、质量标准和验收标准，施工中应注意的问题，可能出现意外的措施及应急方案，文明施工和安全防护措施以及成品保护要求等。技术交底应围绕施工材料、机具、工艺、工法、施工环境和具体的管理措施等方面进行，应明确具体的步骤、方法、要求和完成的时间等。技术交底的形式有书面、口头、会议、挂牌、样板、示范操作等。

（二）工序施工质量管理

施工过程由一系列相互联系与制约的工序构成。工序是人、材料、机械设备、施工方法和环境因素对工程质量综合起作用的过程，所以对施工过程的质量管理，必须以工序质量管理为基础和核心。因此，工序的质量管理是施工阶段质量管理的重点。只有严格管理工序质量，才能确保施工项目的实体质量。工序施工质量管理主要包括工序施工条件质量管理和工序施工效果质量管理。

1．工序施工条件质量管理

工序施工条件是指从事工序活动的各生产要素质量及生产环境条件。工序施工条件质量管理就是管理工序活动的各种投入要素质量和环境条件质量。管理的手段主要有检查、测试、试验、跟踪监督等。管理的依据主要是设计质量标准、材料质量标准、机械设备技术性能标准、施工工艺标准以及操作规程等。

2．工序施工效果质量管理

工序施工效果主要反映工序产品的质量特征和特性指标。对工序施工效果的质量管理就是管理工序产品的质量特征和特性指标能否达到设计质量标准以及施工质量验收标准的要求。工序施工效果质量管理属于事后质量管理，其管理的主要途径是实测获取数据、统计分析所获取的数据、判断认定质量等级和纠正质量偏差。

(三) 4M1E 的质量管理

人（Man）、材料（Material）、机械（Machine）、方法（Method）、环境（Environment）是影响工程质量的五个因素，事前有效管理这些因素的质量是确保工程施工阶段质量的关键，也是监理人进行质量管理过程中的主要任务之一。

1. 人的质量管理

工程质量取决于工序质量和工作质量，工序质量又取决于工作质量，而工作质量直接取决于参与工程建设各方所有人员的技术水平、文化修养、心理行为、职业道德、质量意识、身体条件等因素。

这里所指的人员包括施工承包人的操作、指挥及组织者。

"人"作为管理的对象，要避免产生失误，要充分调动积极性，以发挥"人是第一因素"的主导作用。要本着适才适用、扬长避短的原则来管理人的使用。

2. 原材料与工程设备的质量管理

工程项目是由各种建筑材料、辅助材料、成品、半成品、构配件以及工程设备等构成的实体，这些材料、构配件本身的质量及其质量管理工作对工程质量具有十分重要的影响。由此可见，材料质量及工程设备是工程质量的基础，材料质量及工程设备不符合要求，工程质量也就不可能符合标准。

承包人还应按合同规定的技术标准进行材料的抽样检验和工程设备的检验测试，并应将检验成果提交给现场监理人。现场监理人应按合同规定参加交货验收，承包人应为其监督检查提供一切方便。

发包人负责采购的工程设备应由发包人（或发包人委托监理人）和承包人在合同规定的交货地点共同进行交货验收，由发包人正式移交给承包人。在验收时，承包人应按现场监理人的批示进行工程设备的检验测试，并将检验结果提交现场监理人。工程设备安装后，若发现工程设备存在缺陷，应由现场监理人和承包人共同查找原因，如属设备制造不良引起的缺陷，应由发包人负责；如属承包人运输和保管不慎或安装不良引起的损坏，应由承包人负责。

如果承包人使用了不合格的材料、工程设备和工艺，并造成工程损害时，监理人可以随时发出指示，要求承包人立即改正，并采取措施补救，直至彻底清除工程的不合格部位以及不合格的材料和工程设备。若承包人无故拖延或拒绝执行监理人的上述指令，则发包人有权委托其他承包人执行该项指示，由此增加的费用和利润以及工期延误责任由承包人承担。

《进场材料质量检验报告单》《水利工程砂料、粗骨料质量评定表》及《建筑材料质量检验合格证》均按一式四份报送监理部完成认证手续后，返回施工单位两份，以作为工程施工基础资料和质量检验的依据。分部工程或单位工程验收时，施工单位按竣工资料要求将该资料归档。

材料质量检验方法分为书面检验、外观检验、理化检验和无损检验四种。

（1）书面检验。指通过对提供的材料质量保证资料、试验报告等进行审核，取得认可方能使用。

（2）外观检验。指对材料从品种、规格、标志、外形尺寸等进行直观检验，看其有无质量问题。

（3）理化检验。指在物理、化学等方法的辅助下的量度。它借助于试验设备和仪器对材料样品的化学成分、机械性能等进行科学的鉴定。

（4）无损检验。指在不破坏材料样品的前提下，利用超声波、X射线、表面探伤仪等进行检测。如使用超声波雷达进行土的压实试验、使用探地雷达对钢筋混凝土中的钢筋进行探测。

3. 永久工程设备和施工设备的质量管理

永久工程设备运输是借助运输手段进行有目标的空间位置的转移，最终达到施工现场。工程设备运输工作的质量直接影响工程设备使用价值的实现，进而影响工程施工的正常进行和工程质量。

永久工程设备容易因运输不当而降低甚至丧失使用价值，造成部件损坏，影响其功能和精度等。因此，应加强工程设备运输的质量管理，与发包人的采购部门一起，根据具体情况和工程进度计划，编制工程设备的运送时间表，制定出参与设备运输的有关人员的责任，使有关人员明确在运输质量保证中应做的事和应负的责任，这也是保证运输质量的前提。

施工设备选择的质量管理主要包括设备型式的选择和主要性能参数的选择两个方面。

（1）施工设备的选型。应考虑设备的施工适用性、技术先进、操作方便、使用安全，保证施工质量的可靠性和经济上的合理性。例如，疏浚工程应根据地质条件、疏浚深度、面积及工程量等因素，分别选择抓斗式、链斗式、吸扬式、耙吸式等不同型式的挖泥船；对于混凝土工程，在选择振捣器时，应考虑工程结构的特点、振捣器功能、适用条件和保证质量的可靠性等因素，分别选择大型插入式、小型软轴式、平板式或附着式振捣器。

（2）施工设备主要性能参数的选择。应根据工程特点、施工条件和已确定的机械设备型式，来选定具体的机械。例如，堆石坝施工所采用的振动碾，其性能参数主要是压实功能和生产能力，根据现场碾压试验选择振动频率。

加强施工设备操作人员的技术培训和考核，正确掌握和操作机械设备，做到定机定人，实行机械设备使用保养的岗位责任制。建立健全机械设备使用管理的各种规章制度，如人机固定制度、操作证制度、岗位责任制度、交接班制度、技术保养制度、安全使用制度、机械设备检查维修制度及机械设备使用档案制度等。

对于施工设备的性能及状况，不仅在其进场时应进行考核，在使用过程中也应进行考核。在使用过程中，由于零件的磨损、变形、损坏或松动，会降低效率和性能，从而影响施工质量。对施工设备特别是关键性的施工设备的性能和状况定期进行考核。例如，对吊装机械等必须定期进行无负荷试验、加荷试验及其他测试，以检查其技术性能、工作性能、安全性能和工作效率。发现问题时，应及时分析原因，采取适当措施，以保证设备性能的完好。

4．施工方法的质量管理

这里所指的施工方法的质量管理，包含工程项目整个建设周期内所采取的技术方案、工艺流程、组织措施、检测手段、施工组织设计等的管理。

施工方案合理与否、施工方法和工艺先进与否，均会对施工质量产生极大的影响，是直接影响工程项目的进度管理、质量管理、投资管理三大目标能否顺利实现的关键。在施工实践中，由于施工方案考虑不周、施工工艺落后而造成施工进度迟缓，质量下降，增加投资等情况时有发生。

5．环境因素的质量管理

影响工程项目质量的施工环境因素较多，主要有技术环境、施工管理环境及自然环境。技术环境因素包括施工所用的规程、规范、设计图纸及质量评定标准。

施工管理环境因素包括质量保证体系、"三检制"、质量管理制度、质量签证制度、质量奖惩制度等。

自然环境因素包括工程地质、水文、气象等。

上述环境因素对施工质量的影响具有复杂而多变的特点，尤其是某些环境因素更是如此，如气象条件就是千变万化，大风、暴雨、酷暑、严寒等均影响施工质量。要根据工程特点和具体条件，采取有效的措施，严格管理影响质量的环境因素，确保工程项目质量。

(四) 质量管理点的设置

施工承包人在施工前全面、合理地选择质量管理点。必要时，应对质量管理实施过程进行跟踪检查或旁站监督，以确保质量管理点的实施质量。

设置质量管理点的对象，主要有以下几方面：

①关键的分项工程，如大体积混凝土工程、土石坝工程的坝体填筑工程、隧洞开挖工程等；

②关键的工程部位，如混凝土面板堆石坝面板趾板及周边缝的接缝、土基上水闸的地基基础，预制框架结构的梁板节点、关键设备的设备基础等；

③薄弱环节，如经常发生或容易发生质量问题的环节，施工承包人施工无把握的环节，或者采用新工艺（新材料）施工环节等；

④关键工序，如钢筋混凝土工程的混凝土振捣，灌注桩的钻孔，隧洞开挖的钻孔布置、方向、深度、用药量和填塞等；

⑤关键工序的关键质量特性，如混凝土的强度、土石坝的干密度等；

⑥关键质量特性的关键因素，如冬季混凝土强度的关键因素是环境（养护温度），支模的稳定性的关键是支撑方法，泵送混凝土输送质量的关键是机械等。

将质量管理点区分为质量检验见证点和质量检验待检点。所谓见证点，是指承包人在施工过程中达到这一类质量检验点时，应事先书面通知监理人到现场见证，观察和检查承包人的实施过程。然而，在监理人接到通知后未能在约定时间到场的情况下，承包人有权继续施工。例如，在建筑材料生产时，承包人应事先书面通知监理人对采石场的采石、筛分进行见证。当生产过程的质量较为稳定时，监理人可以到场见证，也可以不到场见证。承包人在监理人不到场的情况下可继续生产，然而需做好详细的施工记录，供监理人随时检查。在混凝土生产过程中，监理人不一定对每一次拌和都到场检验混凝土的温度、坍落度、配合比等指标，可以由承包人自行取样，并做好详细的检验记录，供监理人检查。然而，在混凝土强度等级改变或发现质量不稳定时，监理人可以要求承包人事先书面通知监理人到场检查，否则不得开拌，此时，这种质量检验点就成了待检点。

对于某些更为重要的质量检验点，必须在监理人到场监督、检查的情况下承包人才能进行检验，这种质量检验点称为待检点。例如，在混凝土工程中，由基础面或混凝土施工缝处理，模板、钢筋、止水、伸缩缝和坝体排水管安装及混凝土浇筑等工序构成混凝土单元工程，其中每一道工序都应由监理人进行检查认证，每一道工序检验合格后才能进入下一道工序。根据承包人以往的施工情况，有的可能在模板架立上容易发生漏浆或模板走样事故，有的可能在混凝土浇筑方面经常出现问题。此时，就可以选择模板架立或混凝土浇筑作为待检点，承包人必须事先书面通知监理人，并在监理人到场进行检查监督的情况下才能进行施工。隐蔽工程覆盖前的验收和混凝土工程开仓前的检验，也可以认为是待检点。

第三节　工程质量统计与分析

利用质量数据和统计分析方法进行项目质量管理是管理工程质量的重要手段。通常通过收集和整理质量数据进行统计分析比较，找出生产过程的质量规律，判断工程产品质量状况，发现存在的质量问题，找出引起质量问题的原因，并及时采取措施，预防和纠正质量事故，使工程质量始终处于受控状态。

一、质量数据的类型及其波动

（一）质量数据的类型

质量数据按其自身特征，可分为计量值数据和计数值数据；按其收集目的又可分为管理性数据和验收性数据。

①计量值数据指可以连续取值的连续型数据。如长度、重量、面积、标高等。一般都是可以用量测工具或仪器等量测的，一般都带有小数点。

②计数值数据指不连续的离散型数据。如不合格产品数、不合格构件数等。这些反映质量状况的数据是不能用量测器具来度量的，采用计数的办法，只能出现0、1、2等非负数的整数。

③管理性数据一般以工序作为研究对象，是为分析、预测施工过程

是否处于稳定状态而定期随机地抽样检验获得的质量数据。

④验收性数据指以工程的最终实体内容为研究对象，以分析、判断其质量是否达到技术标准或用户的要求，而采取随机抽样检验获取的质量数据。

（二）质量数据的波动

在工程施工过程中经常可看到在相同的设备、原材料、工艺及操作人员条件下，生产的同一种产品的质量不同，反映在质量数据上，即具有波动性，其影响因素有偶然性因素和系统性因素两大类。

偶然性因素引起的质量数据波动属于正常波动。偶然性因素是无法或难以管理的因素，所造成的质量数据的波动量不大，没有倾向性，作用是随机的。工程质量只有偶然性因素影响时，生产才处于稳定状态。

由系统性因素造成的质量数据波动属于异常波动。系统因素是可管理、易消除的因素，这类因素不经常发生，但具有明显的倾向性。质量管理的目的就是要找出出现异常波动的原因，即系统性因素是什么，并加以排除，使质量只受偶然性因素的影响。

（三）质量数据的收集和样本数据特征

质量数据的收集总的要求应当是随机抽样，即整批数据中每一个数据都有被抽到的相同机会。常用的方法有随机法、系统抽样法、二次抽样法和分层抽样法。

为了进行统计分析和运用特征数据对质量进行管理，经常要使用许多统计特征数据。统计特征数据主要有均值、中位数、极值、极差、标准偏差、变异系数，其中均值、中位数表示数据集中的位置；极差、标准偏差、变异系数表示数据的波动情况，即分散程度。

二、质量管理的统计方法

通过对质量数据的收集、整理和统计分析，找出质量的变化规律和存在的质量问题，提出进一步的改进措施，这种运用数学工具进行质量管理的方法是所有涉及质量管理的人员必须掌握的，它可以使质量管理工作定量化和规范化。下面介绍在质量管理中常用的几种数学工具及方法。

(一) 分层法

由于工程质量形成的影响因素多，因此对工程质量状况的调查和质量问题的分析，必须分门别类地进行，以便准确有效地找出问题及其原因所在，这就是分层法的基本思想。

分层法的实际应用，关键是调查分析的类别和层次划分，根据管理需要和统计目的，通常可按照以下分层方法取得原始数据：

①按施工时间分，如月、日、上午、下午、白天、晚间、季节；

②按地区部位分，如城市、乡村、上游、下游、左岸、右岸；

③按产品材料分，如产地、厂商、规格、品种；

④按检测方法分，如方法、仪器、测定人、取样方式；

⑤按作业组织分，如工法、班组、工长、工人、分包商；

⑥按工程类型分，如土石坝、混凝土重力坝、水闸、渠道、隧洞；

⑦按合同结构分，如总承包、专业分包、劳务分包。

经过第一次分层调查和分析，找出主要问题以后，还可以针对这个问题再次分层进行调查分析，一直到分析结果满足管理需要为止。层次类别划分越明确、越细致，就越能够准确有效地找出问题及其原因所在。

(二) 因果分析图法

因果分析图法也称为鱼刺图或质量特性要因分析法，其基本原理是对每一个质量特性或问题采用鱼骨图分析，逐层深入排查可能原因，然后确定其中的最主要原因，进行有的放矢的处置和管理。

(三) 排列图法

在质量管理过程中，通过抽样检查或检验试验所得到的质量问题、偏差、缺陷、不合格等统计数据，以及造成质量问题的原因分析统计数据，均可采用排列图法进行状况描述，它具有直观、主次分明的特点。

（四）直方图法

直方图法的主要用途如下：①整理统计数据，了解统计数据的分布特征，即数据分布的集中或离散状况，从中掌握质量能力状态；②观察分析生产过程质量是否处于正常、稳定和受控状态以及质量水平是否保持在公差允许的范围内。

1．直方图的类型

（1）正常型。说明生产过程正常，质量稳定。

（2）锯齿型。原因一般是分组不当或组距确定不当。

（3）峭壁型。一般是剔除下限以下的数据造成的。

（4）孤岛型。一般是材质发生变化或他人临时替班造成的。

（5）双峰型。把两种不同的设备或工艺的数据混在一起造成的。

（6）缓坡型。生产过程中有缓慢变化的因素起主导作用。

2．应用直方图法注意事项

（1）直方图是属于静态的，不能反映质量的动态变化。

（2）画直方图时，数据不能太少，一般应大于 50 个数据，否则画出的直方图难以正确反映总体的分布状态。

（3）直方图出现异常时，应注意将收集的数据分层，然后再画出直方图。

（4）直方图呈正态分布时，可求平均值和标准差。

（五）管理图法

管理图又称为管理图法，它是一种有管理界限的图，用来区分引起质量波动的原因是偶然的还是系统的，可以提供系统原因存在的信息，从而判断生产过程是否处于受控状态。管理图按其用途可分为两类：一类是供分析用的管理图，用管理图分析生产过程中有关质量特性值的变化情况，看工序是否处于稳定受控状态；另一类是供管理用的管理图，主要用于发现施工生产过程是否出现了异常情况，以预防施工产生不合格品。

（六）相关图法

相关图法又称散布图法，是用直角坐标图来表示两个与质量相关的因素之间的相互关系以进行质量管理的方法。产品质量与影响质量的因素之间，或者两种质量特性之间、两种影响因素之间，常有一定的相互关系。将有关的各对数据，用点填列在直角坐标图上，就能分析判断它们之间有无相关关系以及相关的程度。运用这种关系，就能对产品或工序进行有效的管理。相关图可分正相关、负相关、非线性相关与无相关几种。

第四节　水利工程施工质量事故处理

水利工程质量事故是指在水利工程建设过程中，由于建设管理、监理、勘测、设计、咨询、施工、材料、设备等原因造成工程质量不符合规程规范和合同规定的质量标准，影响工程使用寿命和对工程安全运行造成隐患和危害的事件。需要注意的是，水利工程质量事故可以造成经济损失，也可以同时造成人身伤亡。这里主要是指没有造成人身伤亡的质量事故。

一、质量事故的分类

根据《水利工程质量事故处理暂行规定》，工程质量事故按直接经济损失的大小，检查、处理事故对工期的影响时间长短和对工程正常使用的影响，分为一般质量事故、较大质量事故、重大质量事故、特大质量事故。

①一般质量事故指对工程造成一定经济损失，经处理后不影响正常使用且不影响使用寿命的事故。

②较大质量事故指对工程造成较大经济损失或延误较短工期，经处理后不影响正常使用但对工程使用寿命有一定影响的事故。

③重大质量事故指对工程造成重大经济损失或延误较长工期，经处

理后不影响正常使用但对工程使用寿命有较大影响的事故。

④特大质量事故指对工程造成特大经济损失或长时间延误工期，经处理仍对正常使用和工程使用寿命有较大影响的事故。

⑤小于一般质量事故的质量问题称为质量缺陷。

二、事故报告内容

事故发生后，事故单位要严格保护现场，采取有效措施抢救人员和财产，防止事故扩大。因抢救人员、疏导交通等原因需移动现场物件时，应做出标志、绘制现场简图并进行书面记录，妥善保管现场重要痕迹、物证，并进行拍照或录像。

发生质量事故后，项目法人必须将事故的简要情况向项目主管部门报告。项目主管部门接到事故报告后，按照管理权限向上级水行政主管部门报告。发生（发现）较大质量事故、重大质量事故、特大质量事故，事故单位要在 48 小时内向有关单位提出书面报告。有关事故报告应包括以下主要内容：

①工程名称、建设地点、工期、项目法人、主管部门及负责人电话。

②事故发生的时间、地点、工程部位以及相应的参建单位名称。

③事故发生的简要经过、伤亡人数和直接经济损失的初步估计。

④事故发生原因初步分析。

⑤事故发生后采取的措施及事故管理情况。

⑥事故报告单位、负责人以及联络方式。

三、施工质量事故处理

因质量事故造成人员伤亡的，应遵从国家和水利部伤亡事故处理的有关规定。其中，质量事故处理的基本要求如下：发生质量事故，必须坚持"事故原因不查清楚不放过、主要事故责任者和职工未受教育不放过、补救和防范措施不落实不放过"的原则（简称"三不放过原则"），认真调查事故原因，研究处理措施，查明事故责任，做好事故处理工作。

（一）质量事故处理职责划分

发生质量事故后，必须针对事故原因提出工程处理方案，经有关单位审定后实施。

①对于一般质量事故，由项目法人负责组织有关单位制订处理方案并实施，报上级主管部门备案。

②对于较大质量事故，由项目法人负责组织有关单位制订处理方案，经上级主管部门审定后实施，报省级水行政主管部门或流域备案。

③对于重大质量事故，由项目法人负责组织有关单位提出处理方案，征得事故调查组意见后，报省级水行政主管部门或流域机构审定后实施。

④对于特大质量事故，由项目法人负责组织有关单位提出处理方案，征得事故调查组意见后，报省级水行政主管部门或流域机构审定后实施，并报水利部备案。

（二）事故处理中设计变更的管理

事故处理需要进行设计变更的，需原设计单位或有资质的单位提出设计变更方案。需要进行重大设计变更的，必须经原设计审批部门审定后实施。

事故部位处理完毕后，必须按照管理权限经过质量评定与验收后，方可投入使用或进入下一阶段施工。

（三）质量缺陷的处理

所谓质量缺陷，是指小于一般质量事故的质量问题，即因特殊原因使得工程个别部位或局部达不到规范和设计要求（不影响使用），且未能及时进行处理的工程质量问题（质量评定仍为合格）。为贯彻落实国家有关规定，水利工程实行水利工程施工质量缺陷备案及检查处理制度。

对因特殊原因，使得工程个别部位或局部达不到规范和设计要求（不影响使用），且未能及时进行处理的工程质量缺陷问题（质量评定仍为合格），必须以工程质量缺陷备案形式进行记录备案。

质量缺陷备案的内容包括质量缺陷产生的部位、原因，对质量缺陷是否处理、如何处理，对建筑物使用的影响等。内容必须真实、全面、完整，参建单位（人员）必须在质量缺陷备案表上签字，有不同意见应明确记载。

质量缺陷备案资料必须按竣工验收的标准制备，作为工程竣工验收备查资料存档。质量缺陷备案表由监理单位组织填写。

工程项目竣工验收时，项目法人必须向验收委员会汇报并提交历次质量缺陷的备案资料。

第三章

水利工程合同管理

第一节 合同管理与水利施工合同

一、合同管理

(一) 合同的概念与特征

1. 合同的概念

合同又称契约，是当事人之间确立一定权利义务关系的协议。广泛的合同，泛指一切能发生某种权利义务关系的协议。

建设工程合同是承包方与发包方之间确立承包方完成约定的工程项目，发包方支付价款与酬金的协议，它包括工程勘察、设计、施工合同。

在市场经济条件下，政府对工程建设市场进行宏观调控，建设行为主体均按市场规律平等参与竞争，各行为主体的权利义务皆由当事人通过签订合同自主约定。因此，建设工程合同成为明确承发包双方责任、保证工程建设活动得以顺利进行的主要调控手段之一，其重要性已随着市场经济体制的进一步确立而日益明显。

需要指出，除建设工程合同以外，工程建设过程中，还会涉及许多其他合同，如设备、材料的购销合同，工程监理的委托合同，货物运输合同，工程建设资金的借贷合同，机械设备的租赁合同，保险合同等，这些合同同样也是十分重要的。它们分属各个不同的合同种类，分别由《中华人民共和国民典法》（以下简称《民法典》）和相关法规加以调整。

2. 合同的法律特征

(1) 合同的主体是经济法律认可的自然人、法人和其他组织。自然人包括我国公民和外国自然人，其他组织包括个人独资企业、合伙企业等。

(2) 合同当事人的法律地位平等。合同是当事人之间意思表示一致的法律行为，只有合同各方的法律地位平等时，才能保证当事人真实地表达自己的意志。所谓平等，是指当事人在合同关系中法律地位是平等的，不存在谁领导谁的问题，也不允许任何一方将自己的意志强加于对方。

（3）合同是设立、变更、终止债权债务关系的协议。首先，合同是以设立、变更和终止债权债务关系为目的的；其次，合同只涉及债权债务关系；再次，合同之所以称为协议，是指当事人意思表示一致，即指当事人之间形成了合意。

（二）建设工程合同管理的概念

《民法典》第七百八十八条规定："建设工程合同是承包人进行工程建设，发包人支付价款的合同。建设工程合同包括工程勘察、设计、施工合同。"建设工程合同管理指在工程建设活动中，对工程项目所涉及的各类合同的协商、签订与履行过程中所进行的科学管理工作，并通过科学的管理，保证工程项目目标实现的活动。

建设工程合同管理的目标主要包括工程的工期管理、质量与安全管理、成本（投资）管理、信息管理和环境管理。其中，工期主要包括总工期、工程开工与竣工日期、工程进度及工程中的一些主要活动的持续时间等；工程质量主要包括其在安全、使用功能、耐久性能、环境保护等方面所有明显的、隐含的能力的特性总和。据此，可将建设工程质量概括为：根据国家现行的有关法律法规、技术标准、设计文件的规定和合同的约定，对工程的安全，适用、经济、美观等特性的综合要求。工程成本主要包括合同价格、合同外价格、设计变更后的价格、合同的风险等。

（三）建设工程合同管理的原则

建设工程合同管理一般应遵循以下几个原则。

1．合同第一位原则

在市场经济中，合同是当事人双方经过协商达成一致的协议，签订合同是双方的民事行为。在合同所定义的经济活动中，合同是第一位的，作为双方的高行为准则，合同限定和调节着双方的义务和权利。任何工程问题和争议首先都要按照合同解决，只有当法律判定合同无效，或争议超过合同范围时才按法律解决。所以，在工程建设过程中，合同具有法律上的最高优先地位。合同一经签订，则成为一个法律文件。双方按合同内容承担相应的法律责任，享有相应的法律权利。合同双方都必须用合同规范自己的行为，并用合同保护自己。

在任何国家，法律确定经济活动的约束范围和行为准则，而具体经济活动的细节则由合同规定。

2. 合同自愿原则

合同自愿是市场经济运行的基本原则之一，也是一般国家的法律准则。合同自愿体现在以下两个方面：

（1）合同签订时，双方当事人在平等自愿的条件下进行商讨。双方自由表达意见，自己决定签订与否，自己对自己的行为负责。任何人不得利用权力、暴力或其他手段向对方当事人进行胁迫，以致签订违背当事人意愿的合同。

（2）合同自愿构成。合同的形式、内容、范围由双方商定。合同的签订、修改、变更、补充和解释，以及合同争执的解决等均由双方商定，只要双方一致同意即可，他人不得随便干预。

3. 合同的法律原则

建设工程合同都是在一定的法律背景条件下签订和实施的，合同的签订和实施必须符合合同的法律原则，具体体现在以下三个方面。

（1）合同不能违反法律，合同不能与法律相抵触，否则合同无效。这是对合同有效性的控制。

（2）合同自由原则受法律原则的限制，所以工程实施和合同管理必须在法律所限定的范围内进行。超越这个范围，触犯法律，会导致合同无效、经济活动失败，甚至会带来承担法律责任的后果。

（3）法律保护合法合同的签订和实施。签订合同是一个法律行为，合同一经签订，合同以及双方的权益即受法律保护。如果合同一方不履行或不正确履行合同，致使对方利益受到损害，则不履行一方必须赔偿对方的经济损失。

4. 诚实信用原则

合同的签订和顺利实施应建立在承包商、业主和工程师紧密协作、互相配合、互相信任的基础上。合同各方应对自己的合作伙伴充满信心，对合同及工程的总目标充满信心，如此业主和承包商才能圆满地执行合同，工程师才能正确地、公正地解释和进行合同管理。在工程建设实施过程中，各方只有互相信任才能紧密合作，才能有条不紊地工作，才可以从总体上减少各方心理上的互相提防和由此产生的不必要的互相制约。这样，工程建设就会更为顺利地实施，风险和误解就会较少，工程花费也会较少。

诚实信用有以下一些基本的要求和条件。

（1）签约时双方应互相了解，任何一方应尽力让对方正确地了解自己的要求、意图及其他情况。业主应尽可能地提供详细的工程资料、工程地质条件的信息，并尽可能详细地解答承包商的问题，为承包商的报价提供条件。承包商应尽可能提供真实可靠的资格预审资料、各种报价单、实施方案、技术组织措施文件。合同是双方真实意思的表达。

（2）任何一方都应真实地提供信息，对所提供信息的正确性负责，并且应当相信对方提供的信息。

（3）不欺诈，不误导。承包商按照自己的实际能力和情况正确报价，不盲目压价，并且明确业主的意图和自己的工程责任。

（4）双方真诚合作。承包商应正确全面地履行合同义务，积极施工，遇到干扰应尽量避免业主遭受损失，防止损失的发生和扩大。

（5）在市场经济中，诚实信用原则必须有经济的、合同的甚至是法律的措施予以保证，如工程保函、保留金和其他担保措施，合同中对违约的处罚规定和仲裁条款，法律对合法合同的保护措施，法律和市场对不诚信行为的打击和惩罚措施等予以保证。没有这些措施保证或措施不完备，就难以形成诚实信用的氛围。

5．公平合理原则

建设工程合同调节双方的合同法律关系应不偏不倚，维护合同双方在工程建设中的公平合理的关系。具体表现在以下几个方面。

（1）承包商提供的工程（或服务）与业主支付的价格之间应体现公平的原则，这种公平通常以当时的市场价格为依据。

（2）合同中的责任和权利应平衡，任何一方有一项责任就必须有相应的权利；反之，有权利就必须有相应的责任。应无单方面的权利和单方面的义务条款。

（3）风险的分担应公平合理。

（4）工程合同应体现工程惯例。工程惯例是指建设工程市场中通常采用的做法，一般比较公平合理，如果合同中的规定或条款严重违反惯例，往往就违反了公平合理的原则。

（5）在合同执行中，应对合同双方公平地解释合同，统一地使用法律尺度来约束合同双方。

二、水利施工合同

（一）施工合同的概念和管理

1．水利施工合同的概念

水利工程施工合同是发包人与承包人为完成特定的工程项目，明确相互权利、义务关系的协议，它的标的是建设工程项目。按照合同规定，承包人应完成项目施工任务并取得利润，发包人应提供必要的施工条件并支付工程价款而得到工程。

施工合同管理是指水利建设主管机关、相应的金融机构，以及建设单位、监理单位、承包企业依照法律和行政法规、规章制度，采取法律的、行政的手段，对施工合同关系进行组织，指导、协调和监督，保护施工合同当事人的合法权益，处理施工合同纠纷，防止和制裁违法行为，保证施工合同法规的贯彻实施等一系列活动。施工合同管理的目的是约束双方遵守合同规则，避免双方责任的分歧以及不严格执行合同而造成的经济损失。施工合同管理的作用主要体现在：一是可以促使合同双方在相互平等、诚信的基础上依法签订切实可行的合同；二是有利于合同双方在合同执行过程中相互监督，确保合同顺利实施；三是合同中明确规定了双方具体的权利与义务，通过合同管理确保合同双方严格执行；四是通过合同管理，增强合同双方履行合同的自觉性，使合同双方自觉遵守法律规定，共同维护当事人双方的合法权益。

2. 监理人对施工合同的管理

（1）在工期管理方面

按合同规定，要求承包人提交施工总进度计划，并在规定的期限内批复，经批准的施工总进度计划称合同进度计划，是控制工程进度的依据，并据此要求承包人编制年、季和月进度计划，并加以审核；按照年，季和月进度计划进行实际检查；分析影响进度计划的因素，并加以解决；不论何种原因发生工程的实际进度与合同进度计划不符时，要求承包人提交一份修订的进度计划，并加以审核；确认竣工日期的延误等。

（2）在质量管理方面

检验工程使用的材料、设备质量；检验工程使用的半成品及构件质量；按合同规定的规范、规程，监督检验施工质量；按合同规定的程序，验收隐蔽工程和需要中间验收工程的质量；验收单项竣工工程和全部竣工工程的质量等。

（3）在费用管理方面

严格对合同约定的价款进行管理；对预付工程款的支付与扣还进行管理；对工程进行计量，对工程款的结算和支付进行管理；对变更价款进行管理；按约定对合同价款进行调整，办理竣工结算；对保留金进行管理等。

（二）施工合同的分类和选择

1. 施工合同的分类

（1）总价合同

总价合同是发包人以一个总价将工程发包给承包人，当招标时有比较详细的设计图纸、说明书及能准确算出工程量时，可采取这种合同，总价合同又可分为以下三种。

①固定总价合同。合同双方以图纸和工程说明为依据，按商定的总价进行承包，除非发包人要求变更原定的承包内容，否则承包人不得要求变更总价。这种合同方式一般适用于工程规模较小，技术不太复杂，工期较短，且签订合同时已具备详细的设计文件的情况。对于承包人来说可能有物价上涨的风险，报价时因考虑这种风险，故报价一般较高。

②可调价总价合同。在投标报价及签订施工合同时，以设计图纸、《工程量清单》及当时的价格计算签订总价合同。但合同条款中商定，如果通货膨胀引起工料成本增加时，合同总价应相应调整。这种合同发包人承担了物价上涨风险，这种计价方式适用于工期较长、通货膨胀率难以预测、现场条件较为简单的工程项目。

③固定工程量总价合同。承包人在投标时，按单价合同办法，分别填报分项工程单价，从而计算出总价，据之签订合同。完工后，如增加了工程量，则用合同中已确定的单价来计算新的工程量和调整总价。这种合同方式要求《工程量清单》中的工程量比较准确。合同中的单价不是成品价，单价中不包括所有费用。

（2）单价合同

①估计工程量单价合同。承包人投标时，按工程量表中的估计工程量为基础，填入相应的单价为报价。合同总价是估计工程量乘单价，完工后，单价不变，工程量按实际工程量。这种合同形式适用于招标时难以准确确定工程量的工程项目，这里的单价是成品价。这种合同形式的优点是：可以减少招标准备工作；发包人按《工程量清单》开支工程款，减少了意外开支；能鼓励承包人节约成本；结算简单。缺点是：对于某些不易计算工程量的项目或工程费应分摊在许多工程的复杂工程项目，这种合同易引起争议。

②纯单价合同。招标文件只向投标人给出各分项工程内的工作项目一览表、工程范围及必要的说明，而不提供工程量，承包人只要给出单价，将来按实际工程量计算。

（3）实际成本加酬金合同

实报实销加事先商定的酬金确定造价，这种合同适合于工程内容及技术经济指标未能完全确定，不能提出确切的费用而又急于开工的工程；工程内容可能有变更的新型工程；施工把握不大或质量要求很高，容易返工的工程。缺点是发包人难以对工程总造价进行控制，而承包人也难以精打细算节约成本，所以此种合同采用较少。

（4）混合合同

即以单价合同为主，以总价合同为辅，主体工程用固定单价，小型或临时工程用固定总价。

水利工程中由于工期长，常使用单价合同。在 FIDIC（International Federation of Consulting Engineers，国际咨询工程师联合会）条款中，是采取单位单价方式，即按各项工程的单价进行结算。它的特点是尽管工程项目变化，承包人总金额随之变化，但单位单价不变，在整个工程施工及结算中，保持同一单价。

2．水利施工合同类型的选择

水利工程项目选用哪种合同类型，应根据工程项目特点、技术经济指标、招标设计深度，以及确保工程成本、工期和质量的要求等因素综合考虑后决定。

（1）根据项目规模、工期及复杂程度

对于中小型水利工程一般可选用总价合同，对于规模大、工期长且技术复杂的大中型工程项目，由于施工过程中可能遇到的不确定因素较多，通常采用单价合同承包。

（2）根据工程设计明确程度

对于施工图设计完成后进行招标的中小型工程，可以采用总价合同。对于建设周期长的大型复杂工程，往往初步设计完成后就开始施工招标，由于招标文件中的工作内容详细程度不够，投标人据以报价的工程量为预计量值，一般应采用单价合同。

（3）根据采用先进施工技术的情况

如果发包的工作内容属于采用没有可遵循规范、标准和定额的新技术或新工艺施工，较为保险的做法是采用成本加酬金合同。

（4）根据施工要求的紧迫程度

某些紧急工程，特别是灾后修复工程，要求尽快开工且工期较紧。此时可能仅有实施方案，还没有设计图纸。由于不可能让承包人合理地报出承包价格，只能采用成本加酬金合同。

（三）施工合同文件的组成

施工合同文件是施工合同管理的依据，它由如下部分组成：合同协议书、中标通知书、投标报价书、专用合同条款、通用合同条款、技术条款、图纸、已标价的《工程量清单》和经双方确认进入合同的其他文件。

组成合同的各项文件应互相解释，互为说明。当合同文件出现含糊不清或不一致时，由监理人作出解释。除合同另有规定外，解释合同文件的优先顺序规定在专用合同条款内。

施工合同示范文本分通用合同条款和专用合同条款两部分，通用合同条款共计60条，内容涵盖了合同中所涉及的词语涵义、合同文件、双方的一般义务和责任、履约担保、监理人和总监理工程师、联络、图纸、转让和分包、承包人的人员及其管理、材料和设备、交通运输、工程进度、工程质量、文明施工、计量与支付、价格调整、变更、违约和索赔、争议的解决、风险和保险、完工与保修等，一般应全文引用，不得更动；专用合同条款应按其条款编号和内容，根据工程实际情况进行修改和补充。凡列入中央和地方建设计划的大中型水利工程应使用施工合同示范文本，小型水利工程可参照使用。

第二节　施工合同的分析与控制

一、施工合同分析

（一）施工合同分析的必要性

（1）在一个水利枢纽工程中，施工合同往往有几份、十几份甚至几十份，各合同之间相互关联。

（2）合同文件和工程活动的具体要求（如工期、质量、费用等）、合同各方的责任关系、事件和活动之间的逻辑关系错综复杂。

（3）许多参与工程的人员所涉及的活动和问题仅为合同文件的部分内容，因此合同管理人员应对合同进行全面分析，再向各职能人员进行合同交底以提高工作效率。

（4）合同条款的语言有时不够明了，必须在合同实施前进行分析，以方便进行合同的管理工作。

（5）在合同中存在的问题和风险包括合同审查时已发现的风险和还可能隐藏着的风险，在合同实施前有必要进行全面分析。

（6）在合同实施过程中，双方会产生许多争执，解决这些争执也必须对合同进行分析。

（二）合同分析的内容

1. 合同的法律背景分析

分析合同签订和实施所依据的法律法规，承包人应了解适用于合同的法律的基本情况（范围、特点等），指导整个合同实施和索赔工作，对合同中明示的法律要重点分析。

2. 合同类型分析

类型不同的合同，其性质、特点、履行方式不一样，双方的责任权利关系和风险分担也不一样。这直接影响合同双方的责任和权利的划分，影响工程施工中合同的管理和索赔。

3. 承包人的主要任务分析

（1）承包人的责任，即合同标的。承包人的责任包括：承包人在设计、采购、生产、试验、运输、土建、安装，验收、试生产、缺陷责任期维修等方面的责任；施工现场的管理责任；给发包人的管理人员提供生活和工作条件的责任等。

（2）工作范围。它通常由合同中的工程量清单、图纸、工程说明、技术规范定义。工程范围的界限应很清楚，否则会影响工程变更和索赔，特别是固定总价合同的工作范围。

（3）工程变更的规定。重点分析工程变更程序和工程变更的补偿范围。

4．发包人的责任分析

发包人的责任分析主要是分析发包人的权利和合作责任。发包人的权利是承包人的合作责任，是承包人容易产生违约行为的地方；发包人的合作责任是承包人顺利完成合同规定任务的前提，同时又是承包人进行索赔的理由。

5．合同价格分析

应重点分析合同采用的计价方法、计价依据、价格调整方法、合同价格所包括的范围及工程款结算方法和程序。

6．施工工期分析

分析施工工期，合理安排工作计划，在实际工程中，工期拖延极为常见和频繁，对合同实施和索赔影响很大，要特别重视。

7．违约责任分析

如果合同的一方未遵守合同规定，造成对方损失，则应受到相应的合同处罚。

违约责任分析主要分析如下内容：

（1）承包人不能按合同规定的工期完成工程的违约金或承担发包人损失的条款；

（2）由于管理上的疏忽而造成对方人员和财产损失的赔偿条款；

（3）由于预谋和故意行为造成对方损失的处罚和赔偿条款；

（4）承包人不履行或不能正确履行合同责任，或者出现严重违约时的处理规定；

（5）发包人不履行或不能正确履行合同责任，或者出现严重违约时的处理规定，特别是对发包人不及时支付工程款的处理规定。

8．验收、移交和保修分析

（1）验收

验收包括许多内容，如材料和机械设备的进场验收、隐蔽工程验收、单项工程验收、全部工程竣工验收等。

在合同分析中，应对重要的验收要求，时间、程序以及验收所带来的法律后果作出说明。

（2）移交

竣工验收合格即办理移交。应详细分析工程移交的程序，对工程尚存的缺陷、不足之处及应由承包人完成的剩余工作，发包人可保留其权利，并指令承包人限期完成，承包人应在移交证书上注明的日期内尽快地完成这些剩余工程或工作。

（3）保修

分析保修期限和保修责任的划分。

9．索赔程序和争执解决的分析

重点分析索赔的程序、争执的解决方式和程序以及仲裁条款，包括仲裁所依据的法律，仲裁地点、方式和程序，仲裁结果的约束力等。

二、施工合同控制

（一）预付款控制

预付款是承包工程开工以前业主按合同规定向承包人支付的款项。承包人将此款项作为购置施工机械设备和材料以及在工地设置生产、办公和生活设施的开支。预付款金额的上限为合同总价的五分之一，一般预付款的额度为合同总价的 10％～15％。

预付款的实质是承包人先向业主提取的贷款，是没有利息的，在开工以后是要从每期工程进度款中逐步扣除还清的。通常对于预付款，业主要求承包商出具预付款保证书。

工程合同的预付款可分为以下几种。

1．调遣预付款

用作承包商施工开始的费用开支，包括临时设施、人员设备进场、履约保证金等费用。

2．设备预付款

用于购置施工设备。

3. 材料预付款

用于购置建筑材料。其数额一般为该材料发票价的 75% 以下，在月进度付款凭证中办理。

（二）工程进度款

工程进度款是指在工程建设过程中，承包商按照合同规定的工程进度领取的款项。这种款项按照工程完成的程度来结算。

（三）保留金

保留金也称滞付金，是承包商履约的另一种保证，通常是从承包商的进度款中扣下一定比例的金额，以便在承包商违约时起补偿作用。在工程竣工后，保留金应在规定的时间退还给承包商。

（四）浮动价格计算

外界环境的变化，如人工、材料、机械设备的价格，会直接影响承包商的施工成本。假如在合同中不对此情况进行考虑，按固定价格进行工程价格计算的话，承包商就会为合同期可能存在的风险而进行费用的增加，该费用应计入标价中。一般来说，短期的预测结果还是比较可靠的，但对远期预测就可能很不准确，这就造成承包商不得不大幅度提高标价以避免未来风险带来的损失。这种做法难以正确估计风险费用，估计偏高或偏低，无论是对业主或是承包商来说都是不利的。为获得一个合理的工程造价，工程价款支付可以采用浮动价格的方法来解决。

（五）结算

当工程接近尾声时要进行大量的结算工作。同一合同中包含需要结算的项目不止一个，可能既包括按单价计价项目，又包括按总价付款项目。当竣工报告已由业主批准，该项目已被验收时，该建筑工程的总款额就应当立即支付。按单价结算的项目，在工程施工已按月进度报告付过进度款，由现场监理人员对当时的工程进度工程量进行核定，核定承包人的付款申请并付了款，但当时测定的工程量可能准确也可能不准确，所以该项目完工时应由一支测量队来测定实际完成的工程量，然后按照现场报告提供的资料，审查所用材料是否该付款，扣除合同规定已付款的用料量，成本工程师可标出实际应当付款的数量。承包人自己的工作人员将记录的按单价结算的材料使用情况与工程师核对，双方确认无误后支付项目的结算款。

第三节　施工合同的实施

一、合同交底

合同交底是由合同管理人员在对合同的主要内容进行分析、解释和说明的基础上，通过组织项目管理人员和各个工程小组学习合同条文和合同总体分析结果，使大家熟悉合同中的主要内容、规定、管理程序，了解合同双方的合同责任和工作范围，以及各种行为的法律后果等，使大家都树立全局观念，使各项工作协调一致，避免执行中的违约行为。

在传统的施工管理系统中，人们十分重视图纸交底工作，却不重视合同交底工作，导致各个项目组和各个工程小组对项目的合同体系、合同基本内容不甚了解，影响了合同的履行。

项目经理或合同管理人员应将各种任务或事件的责任分解，落实到具体的工作小组、人员和分包单位。合同交底的目的和任务如下：

（1）对合同的主要内容达成一致理解；

（2）将各种合同事件的责任分解落实到各工程小组或分包商；

（3）将工程项目和任务分解，明确其质量和技术要求以及实施的注意要点等；

（4）明确各项工作或各个工程的工期要求；

（5）明确成本目标和消耗标准；

（6）明确相关事件之间的逻辑关系；

（7）明确各个工程小组（分包人）之间的责任界限；

（8）明确完不成任务的影响和法律后果；

（9）明确合同有关各方的责任和义务。

二、合同实施跟踪

（一）施工合同跟踪

合同签订后，合同中各项任务的执行要落实到具体的项目经理部或具体的项目参与人，承包单位作为履行合同义务的主体，必须对项目经理或项目参与人的履行情况进行跟踪、监督和控制，确保合同义务的完全履行。

施工合同跟踪有两个方面的含义：一是承包单位的合同管理职能部门对项目经理部或项目参与人的履行情况进行的跟踪、监督和检查；二是项目经理部或项目参与人本身对合同计划的执行情况进行的跟踪、检查与对比。在合同实施过程中二者缺一不可。

1．合同跟踪的依据

合同跟踪的重要依据包括：合同以及依据合同而编制的各种计划文件；各种实际工程文件，如原始记录、报表、验收报告等；管理人员对现场情况的直观了解，如现场巡视、交谈、会议，质量检查等。

2．合同跟踪对象

（1）承包的任务

①工程施工的质量。包括材料、构件、制品和设备等的质量，以及施工或安装质量是否符合合同要求等。

②工程进度。是否在预定的期限内施工，工期有无延长，延长的原因是什么等。

③工程数量。是否按合同要求完成全部施工任务，有无合同规定以外的施工任务等。

④成本的增加或减少。

（2）工程小组或分包人的工程和工作

可以将工程施工任务分别交由不同的工程小组或发包给专业分包完

成，工程承包商必须对这些工程小组或分包商及其所负责的工程进行跟踪检查、协调关系，提出意见、建议或警告，保证工程总体质量和进度。

对专业分包人的工作和负责的工程，总承包商负有协调和管理的责任，并承担由此造成的损失，所以专业分包人的工作和负责的工程必须纳入总承包的计划和控制中，防止因分包人工程管理失误而影响全局。

（3）业主和其委托的工程师的工作

①业主是否及时、完整地提供了工程施工的实施条件，如场地、图纸、资料等。

②业主和工程师是否及时给予了指令、答复和确认等。

③业主是否及时并足额地支付了应付的工程款项。

（二）偏差分析

通过合同跟踪，可能会发现合同实施中存在的偏差，即工程的实际情况偏离了工程计划和工程目标，应该及时分析原因，采取措施，纠正偏差，避免损失。

合同实施偏差分析的内容包括以下几个方面。

1. 产生偏差的原因分析

通过对合同执行实际情况与实施计划的对比分析，不仅可以发现合同实施的偏差，而且可以探索引起差异的原因。原因分析可以采用鱼刺图、因果关系分析图（表）、成本量差、价差、效率差分析等方法定性或定量地进行。

2. 合同实施偏差的责任分析

即分析产生合同偏差的原因是由谁引起的，应该由谁承担责任。责任分析必须以合同为依据，按合同规定落实双方的责任。

3. 合同实施的趋势分析

针对合同实施偏差情况，可以采取不同的措施，应分析在不同措施下合同执行的结果与趋势，包括：

（1）最终的工程状况，包括总工期的延误、总成本的超支、质量标准、所能达到的产生能力（或功能要求）等；

（2）承包商将承担什么样的后果，如被罚款、被清算，甚至被起诉，对承包商资信、企业形象、经营战略的影响等；

（3）最终工程经济效益（利润）水平。

（三）偏差的处理

根据合同实施偏差分析的结果，承包商应该采取相应的调整措施，调整措施可以分为：

（1）组织措施，如增加人员投入，调整人员安排，调整工作流程和工作计划等；

（2）技术措施，如变更技术方案，采用新的高效率的施工方案等；

（3）经济措施，如增加投入，采取经济激励措施等；

（4）合同措施，如进行合同变更，采取附加协议，采取索赔手段等。

（四）工程变更管理

工程变更管理一般是指在工程施工过程中，根据合同约定对施工的程序、工程的内容、数量、质量要求及标准等作出的变更。

1. 工程变更的原因

工程变更一般主要有以下几方面的原因。

（1）业主新的变更指令，对建筑的新要求。如业主有新的意图，业主修改项目计划、削减项目预算等。

（2）由于设计人员、监理方人员、承包商事先没有很好地理解业主的意图，或者设计的错误导致图纸修改。

（3）工程环境的变化，预定的工程条件不准确，要求实施方案或实施计划变更。

（4）由于产生新技术和知识，有必要改变原计划、预案实施方案或实施计划；由于业主指南及业主责任的原因造成施工方案的改变。

（5）政府部门对工程有新的要求，如国家计划变化、环境保护要求，城市规划变动等。

（6）由于合同实施出现问题，必须调整合同目标或修改合同条款。

2. 工程变更的范围

根据 FIDIC 施工合同条件，工程变更的内容可能包括以下几个方面。

（1）改变合同中所包括的任何工作的数量。

（2）改变任何工作的质量和性质。

（3）改变工程任何部分的标高、基准线，位置和尺寸。

（4）删减任何工作，但要交他人实施的工作除外。

（5）任何永久工程需要的任何附加工作、工程设备、材料或服务。

（6）改动工程的施工顺序或时间安排。

根据我国合同示范文本，工程变更包括设计变更和工程质量标准等其他实质性内容的变更，其中设计变更包括：

（1）更改工程有关部分的标高、基准线、位置和尺寸。

（2）增减合同中约定的工程量。

（3）改变有关工程的施工时间和顺序。

（4）其他有关工程变更需要的附加工作。

3. 工程变更的程序

工程变更是索赔的主要起因。由于工程变更对工程施工过程影响很大，会造成工期的拖延和费用的增加，容易引起双方的争执，所以要十分重视工程变更管理问题。

一般工程施工承包合同中都有关于工程变更的具体规定。工程变更一般按照如下程序。

（1）提出工程变更。根据工程实施的实际情况，承包商、业主、工程师、设计单位都可以根据需要提出工程变更。

（2）工程变更的批准。承包商提出的工程变更，应该交与工程师审查并批准；由设计方提出的工程变更应该与业主协商或经业主审查并批准；由业主方提出的工程变更，涉及设计修改的应该与设计单位协商，并且一般通过工程师发出。工程师发出工程变更的权利，一般会在施工合同中明确约定，通常在发出变更通知前应征得业主批准。

（3）工程变更指令的发出及执行。为了避免耽误工程，工程师和承包商就变更价格和工期补偿达成一致意见之前有必要先行发布指示，先执行工程变更工作，然后再就变更价格和工期补偿进行协商和确定。

工程变更指令的发出有两种形式：书面形式和口头形式。一般情况下，要求用书面形式发布变更指示，如果由于情况紧急而来不及发出书面指示，承包商应该根据合同规定要求工程师书面认可。

根据工程惯例，除非工程师明显超越合同权限，否则承包商应该无条件地执行工程变更的指示。即使工程变更价款没有规定，或者承包商对工程师答应给予付款的金额不满意，承包商也必须一边进行变更工作，一边根据合同寻求解决办法。

4．工程变更的责任分析与补偿要求

根据工程变更的具体情况可以分析确定工程变更的责任和费用补偿。

（1）由于业主要求，政府部门要求，环境变化、不可抗力、原设计错误等导致的设计修改，应该由业主承担责任；由此所造成的施工方案的变更以及工期的延长和费用的增加应该向业主索赔。

（2）由于承包商的施工过程，施工方案出现错误、疏忽而导致设计的修改，应该由承包商承担责任。

（3）施工方案变更要经过工程师的批准，不论这种变更是否会对业主带来好处（如工期缩短、节约费用）。

（4）由于承包商的施工过程、施工方案本身的缺陷而导致了施工方案的变更，由此所引起的费用增加和工期延长应该由承包商承担责任。

（5）业主向承包商授标前（或签订合同前），可以要求承包商对施工方案进行补充、修改或作出说明，以便符合业主的要求。在授标后（或签订合同后）业主为了加快工期、提高质量等要求变更施工方案，由此所引起的费用增加可以向业主索赔。

第四节　合同违约与索赔

一、合同违约

（一）违反合同民事责任的构成要件

法律责任的构成要件是承担法律责任的条件。《民法典》规定："当事人一方不履行合同义务或者履行合同义务不符合约定的，应当承担继续履行、采取补救措施或者赔偿损失等违约责任。"也就是说，不管何种情况，也不管当事人主观上是否有过错，更不管是何种原因（不可抗力除外），只要当事人一方不履行合同或者履行合同不符合约定，都要承担违约责任。这就是违反合同民事责任的构成要件。

（二）承担违反合同民事责任的方式及选择

承担违反合同民事责任的方式有：①继续履行；②采取补救措施；③赔偿损失；④支付违约金。

承担违反合同民事责任的方式在具体实践中如何选择？总的原则是由当事人自由选择，并有利于合同目的的实现。提倡继续履行和补救措施优先，有利于合同目的的实现，特别是有些经济合同不履行，有可能涉及国家经济建设和公益性任务的完成，水利工程就是这样。水利建设任务能否顺利完成，直接关系的公共利益能否顺利实现。当然，如果合同不能继续履行或无法采取补救措施，或者继续履行采取补救措施仍不能完成合同约定的义务，就应该赔偿损失。

1. 关于继续履行方式

继续履行是承担违反合同民事责任的首选方式，当事人订立合同的目的就是通过双方全面履行约定的义务，使各自的需要得到满足。一方违反合同，其直接后果是对方需要得不到满足。因此，继续履行合同，使对方需要得到满足，是违约方的首要责任。特别是对于价款或者报酬的支付，《民法典》规定："当事人一方未支付价款、报酬、租金、利息，或者不履行其他金钱债务的，对方可以请求其支付。"

在某些情况下，继续履行可能是不可能或没有必要的，此时承担违反合同民事责任的方式就不能采取继续履行了。例如，水利工程建设中，大型水泵供应商根本没有足够的技术力量和设备来生产合同约定的产品，原来订立合同时过高估计了自己的生产能力，甚至为了赚钱盲目承接任务，此时履行合同不可能，只能是赔偿对方损失。如果供货商通过努力（如加班、增加技术力量和其他投入等）能够产出符合约定的产品，则应采取继续履行或采取补救措施的方式。又如，季节性很强的产品，过了季节就没法销售或使用的，对方延迟交货就意味着合同继续履行没有必要。《民法典》规定了三种情形不能要求继续履行的：①法律上或事实上不能继续履行；②债务的标的不适于强制履行或履行费用过高；③债权人在合理期限内未请求履行。

2. 关于采取补救措施

采取补救措施是在合同一方当事人违约的情况下，为了减少损失使合同尽量圆满履行所采取的一切积极行为。例如，不能如期履行合同义务的，与对方协商能否推迟履行；自己一时难于履行的，在征得对方当事人同意的前提下，尽快寻找他人代为履行；当发现自己提供的产品质量、规格不符合合同约定的标准时，积极负责修理或调换。总之，采取补救措施不外乎避免或减少损失和达到合同约定要求两个方面。例如，在水利工程中，某单位工程的部分单元工程质量严重不合格，一般就要求拆除并重新施工。

3. 关于承担赔偿损失

承担赔偿损失，就是由违约方承担因其违约给对方造成的损失。《民法典》规定："当事人一方不履行合同义务或者履行合同义务不符合约定的，在履行义务或者采取补救措施后，对方还有其他损失的，应当赔偿损失。"至于赔偿额的计算，《民法典》规定："当事人一方不履行合同义务或者履行合同义务不符合约定，造成对方损失的，损失赔偿额应当相当于因违约所造成的损失，包括合同履行后可以获得的利益；但是，不得超过违约一方订立合同时预见到或者应当预见到的因违约可能造成的损失。"此外，《民法典》还规定："当事人一方违约后，对方应当采取适当措施防止损失的扩大；没有采取适当措施致使损失扩大的，不得就扩大的损失请求赔偿。"

至于支付违约金、定金的收取或返还，它们是一种损失赔偿的具体方式，不仅具有补偿性，而且具有惩罚性。

4. 关于违约金

违约金是指不履行或者不完全履行合同的一方当事人按照法律规定或者合同约定支付给另一方当事人一定数额的货币。违约金具有两种性质：①补偿性，在违约行为给对方造成损失时，违约金起到一定的补偿作用；②惩罚性，惩罚违约行为，当事人约定了违约金，不论违约是否给对方造成损失，都要支付违约金。

对于违约金的数量如何确定？约定违约金的高于或低于违约造成的损失怎么办？《民法典》规定："当事人可以约定一方违约时应当根据违约情况向对方支付一定数额的违约金，也可以约定因违约产生的损失赔偿额的计算方法。"因此，违约金的数量可以由当事人双方在订立合同时约定，或者在订立合同后补充约定。对于违约金低于造成的损失的，当事人可以请求人民法院或仲裁机构予以增加；对于违约金过分高于造成的损失的，当事人也可以请求人民法院或仲裁机构予以适当减少。

5. 关于定金

定金是订立合同后，为了保证合同的履行，当事人一方根据约定支付给对方作为债权担保的货币。定金具有补偿性，即给付定金的一方在不履行合同约定的义务或债务时，定金不能收回，用于赔偿对方的损失。例如，投标人在递交投标文件时附交的投标保证金就具有定金的性质，投标人在中标后不承担合同义务，无正当理由放弃中标的，招标人即可以没收其投标保证金。定金还具有惩罚性，即给付定金的一方不履行合同约定义务的，即使没有给对方造成损失也不能收回；而收受定金的一方不履行合同约定义务的，应当双倍返还定金。

二、施工索赔

（一）索赔的特点

（1）索赔是合同管理的一项正常的规定，一般合同中规定的工程赔偿款是合同价的 7％～8％。

（2）索赔作为一种合同赋予双方的具有法律意义的权利主张，其主体是双向的。在工程施工合同中，业主与承包方都有索赔的权利，业主可以向承包方索赔，同样承包方也可以向业主索赔。而在现实工程实施中，大多数出现的情况是承包方向业主提出索赔。由于承包方向业主进行索赔申请的时候，没有很烦琐的索赔程序，所以在一些合同协议书中一般只规定了承包方向业主进行索赔的处理方法和程序。

（3）索赔必须建立在损害结果已经客观存在的基础上。不管是时间损失还是经济损失，都需要有客观存在的事实，如果没有发生就不存在索赔的情况。

（4）索赔必须以合同或法律法规为依据。只有一方存在违约行为，受损方就可以向违约方提出索赔要求。

（5）索赔应该采用明示的方式，需要受损方采用书面形式提出，书面文件中应该包括索赔的要求和具体内容。

（6）索赔的结果一般是索赔方可以得到经济赔偿或者其他赔偿。

（二）索赔费用的计算方法

索赔费用的计算方法有实际费用法、总费用法和修正的总费用法。

1. 实际费用法

实际费用法是计算工程索赔时最常用的一种方法。这种方法的计算原则是以承包商为某项索赔工作所支付的实际开支为根据，向业主要求费用补偿。

用实际费用法计算时，在直接费的额外费用部分的基础上，再加上应得的间接费和利润，即为承包商应得的索赔金额。由于实际费用法所依据的是实际发生的成本记录或单据，所以在施工过程中，系统而准确地积累记录资料是非常重要的。

2. 总费用法

总费用法就是当发生多次索赔事件以后，重新计算该工程的实际总费用，实际总费用减去投标报价时的估算总费用，即为索赔金额。

索赔金额＝实际总费用－投标报价估算总费用

不少人对采用该方法计算索赔费用持批评态度，因为实际发生的总费用中可能包括了承包商的原因，如施工组织不善而增加的费用；同时投标报价估算的总费用也可能为了中标而过低。所以这种方法只有在难以采用实际费用法时才应用。

3. 修正的总费用法

修正的总费用法是对总费用法的改进，即在总费用计算的原则上，去掉一些不合理的因素，使其更合理。修正的内容如下：①将计算索赔款的时段局限于受到外界影响的时间，而不是整个施工期；②只计算受影响时段内的某项工作所受影响的损失，而不是计算该时段内所有施工工作所受的损失；③与该项工作无关的费用不列入总费用中；④对投标报价费用重新进行核算：按受影响时段内该项工作的实际单价进行核算，乘以实际完成的该项工作的工程量，得出调整后的报价费用。

按修正后的总费用计算索赔金额的公式如下：

索赔金额＝某项工作调整后的实际总费用－该项工作的报价费用

与总费用法相比，修正的总费用法有了实质性的改进，它的准确程度已接近于实际费用法。

（三）工期索赔的分析

1. 工期索赔的分析

工期索赔的分析包括延误原因分析、延误责任的界定、网络计划（CPM）分析、工期索赔的计算等。

运用网络计划方法分析延误事件是否发生在关键线路上，以决定延误是否可以索赔。在工期索赔中，一般只考虑对关键线路上的延误或者非关键线路因延误而变成关键线路时才给予顺延工期。

2. 工期索赔的计算方法

（1）直接法。如果某干扰事件直接发生在关键线路上，造成总工期的延误，可以直接将该干扰事件的实际干扰时间（延误时间）作为工期索赔值。

（2）比例分析法。采用比例分析法时，可以按工程量的比例进行分析。

3. 网络分析法

在实际工程中，影响工期的干扰事件可能会很多，每个干扰事件的影响程度可能都不一样，有的直接在关键线路上，有的不在关键线路上，多个干扰事件的共同影响结果究竟是多少可能引起合同双方很大的争议，采用网络分析方法是比较科学合理的，其思路是：假设工程按照双方认可的工程网络计划确定的施工顺序和时间施工，当某个或某几个干扰事件发生后，使网络中的某个工作或某些工作受到影响，使其持续时间延长或开始时间推迟，从而影响总工期，则将这些工作受干扰后的新的持续时间和开始时间等代入网络中，重新进行网络分析和计算，得到的新工期与原工期之间的差值就是干扰事件对总工期的影响，也就是承包商可以提出的工期索赔值。网络分析方法通过分析干扰事件发生前和发生后网络计划的计算工期之差来计算工期索赔值，可以用于各种干扰事件和多种干扰事件共同作用所引起的工期索赔。

第四章

水文水资源的基础理论

第一节　水资源监测基本内容与意义

一、水资源监测基本内容

水资源是指可供利用或有可能被利用，具有足够数量和可用质量，并适合某地对水的需求而能长期供应的水源，其补给来源主要为大气降水。与此相应，水资源监测则是对水资源的数量、质量、分布状况、开发利用保护现状进行定时、定位分析与观测的活动。水资源管理、调度和优化配置涉及城乡生活和工业供水、农业灌溉、发电、防洪和生态环境等诸多方面，以及上下游、左右岸、地区之间、部门之间的调度，因此，水资源管理涉及面广、问题复杂、难度大，与之相应的水资源监测同样是问题复杂、难度大。

目前，国内外有一些学者提出水资源应包括三个部分：地表水资源、地下水资源和土壤水资源。但由于土壤水易蒸发或转换为地下水，在传统的水资源监测与评价中，并未将土壤水作为水资源监测与评价的一部分，在实际工作中，土壤水分监测主要作为旱情监测的内容。所以本书所指的水资源监测主要是对地表水、地下水的数量和质量监测技术方法，不涉及土壤水分监测技术方法。

二、水资源监测的意义

水资源在自然界中不断地循环往复，但其总量是有限的，且受到气候和地理条件的影响，不同地区的水资源量相差很大，即便是在同一地区，也存在年内和年际变化。在我国，水资源分布的特点是南多北少，且降水大多集中在夏、秋两季中的三四个月里。由于水资源的不可替代性和用途的多样性，包括生态系统在内的各用水环节，在利用水资源时往往会出现各种矛盾，如不同地区、部门之间争夺水资源的使用权、单一用水部门的水资源需求与供给的矛盾等。为了妥善解决用水矛盾，协调人类社会不同用水地区、部门之间以及人类社会和生态系统之间的水量分配，在促进人类社会发展的同时，为实现人与自然和谐发展的目标，保证水资源可持续利用，就需要对水资源进行监测，从而为水资源评价、保护、规划和管理等工作提供科学依据，使水资源开发利用尽可能满足和发挥出更大的社会效益、经济效益和生态效益。

通过下面对水资源评价、水资源保护、水资源规划、水资源管理的内容概述，可以看出水资源监测工作的意义和重要性。

第一，水资源评价是对一个国家或地区的水资源数量、质量、时空分布特征和开发利用情况作出的分析和评估。它是保证水资源可持续利用的前提，是进行与水相关的活动的基础，是为国民经济和社会发展提供供水决策的依据。经过多年的发展，水资源评价工作已经得到了长足的发展，评价方法也在不断地完善。水资源评价工作已经从早期只统计天然情况下河川径流量及其时空分布特征，发展到目前以水资源工程规划设计所需要的水文特征值计算方法及参数分析、水资源工程管理及水源保护等，特别是对水资源供需情况的分析和预测，以及在此基础上的水资源开发前景为主要内容的新阶段。此外，对水资源开发利用措施的环境影响评价，也正在成为人们关注的新焦点。

第二，水资源保护是通过行政、法律、工程、经济等手段，保护水资源的质量和供应，防止水污染、水源枯竭、水流阻塞和水土流失，以尽可能地满足经济社会可持续发展对水资源的需求。水资源保护包括水量保护与水质保护两个方面。在水量保护方面，应统筹兼顾、综合利用、讲求效益，发挥水资源的多种功能，注意避免过量开采和水源枯竭；同时，还要考虑生态保护和环境改善的用水需求。在水质保护方面，应防止水环境污染和其他公害，维持水质的良好状态，特别要减少和消除有害物质进入水环境，加强对水污染防治的监督和管理。总之，水资源保护的最终目的是保证水资源的永续利用，促进人与自然的协调发展，并不断提高人类的生存质量。

第三，水资源规划是以水资源利用、调配为对象，在一定区域内为开发水资源、防治水患、保护生态系统、提高水资源综合利用效益而制定的总体计划与措施安排。水资源规划旨在合理评价、分配和调度水资源，支持经济社会发展，改善环境质量，以做到有计划地开发利用水资源，使经济发展与自然生态系统保护相互协调。水资源规划的主要内容包括水资源量与质的计算与评估、水资源功能的划分与协调、水资源的供需平衡分析与水量科学分配、水资源保护与灾害防治规划以及相应的水利工程规划方案设计及论证等。

第四，水资源管理是指对水资源开发、利用和保护的组织、协调、监督和调度等方面的实施，是水资源规划方案的具体实施过程。水资源管理是水行政主管部门的重要工作内容，旨在科学、合理地开发利用水资源，支持经济社会发展，保护生态系统，以达到水资源开发利用、经济社会发展和生态系统保护相互协调的目标。水资源管理内容主要包括运用行政、法律、教育等手段，组织开发利用水资源和防治水害；协调水资源的开发利用与经济社会发展之间的关系，处理各地区、用水部门间的用水矛盾；制订水资源的合理分配方案，处理好防洪和兴利的调度，提出并执行对供水系统及水源工程的优化调度方案，对来水量变化及水质情况进行监测，并对相应措施进行管理等。

第二节 我国水资源监测现状与存在的主要问题

一、水资源监测现状

近年来，我国水文站网发展较快，经历了多次规模较大的水文站网规划、论证和调整工作，在全国初步布设了较为完整的水文站网。

第一，在监测方法上，水位主要采用人工监测和自动监测记录方式，以自动监测为主；河道流量测验根据河道断面、水流等实际情况，采取人工、半自动、自动测流技术，一般选用流速仪法、量水建筑物法（测流堰、测流槽）、浮标法、声学法（时差法、走航式 ADCP、水平式

ADCP 等）、电磁法等测验方法；当流量监测断面能建立较稳定可靠的水位—流量关系时，采取推流的方法。

第二，在地下水监测方面，截至 2020 年，我国地下水监测站共26550 处，已初步形成能控制北方主要平原区地下水动态的基本监测站网，但绝大多数为生产井、民井。监测方式主要以人工监测为主，人工方式监测方法包括测量、测绳、电接触悬锤式水尺等，一般情况下，为保证测验精度，推荐使用电接触悬锤式水尺。目前地下水位自动监测仪器主要使用的有浮子式、压力式和气泡式水位计等。基本站监测频次一般为每日、五日、十日监测 1 次，统测站每年监测频次为 2～4 次。另外，还有少数为开展地下水运移规律研究等的实验站。近年来，根据地下水开发利用情况和应用需求，一些省份开展了地下水自动监测系统试点建设，地下水自动监测能力有所提高。

第三，在取用水监测方面，农业用水按照灌区分级标准，一般 30万亩及以上的为大型灌区；30 万亩以下 1 万亩以上的为中型灌区；1 万亩以下的为小型灌区。目前，我国已有 7300 多处大中小型灌区。按照最严格水资源管理制度的有关要求，要对纳入取水许可管理的单位和用水大户实行计划用水管理，建立重点用水监控单位名录，强化用水监控管理。一般而言，对于工业、居民生活等用水量监测，由于大多数使用管道，相对较容易，也可实现自动监测。对于管道的流量测验，一般可采用水表法、电磁流量计法、声学管道流量计法等。对于农业灌溉，其情况较为复杂，既有地表水也有地下水，地表水一般采用上述的地表水主要流量监测技术方法；农业地下水开采量监测，由于涉及井点多、面广，很难每个井点安装监测仪器设备，目前主要采用调查统计方法，少部分安装监测仪器设备的，主要采用水表（农用水表）、电表等方法监测。

二、水资源监测存在的主要问题

目前，水资源监测工作还比较薄弱，不能满足支撑实施最严格水资源管理制度的需求，存在以下主要问题。

第一，服务于按行政区界水资源管理的监测站网布设明显不足，监测技术手段较落后。在省级行政区界和重要的取水点还存在站网布设空白；现有部分监测站设施设备陈旧，监测与信息传输技术手段相对落后，自动监测能力不足，对行政区域的水资源监控能力明显不足，难以满足支撑对行政区监督考核的需要。

第二，地下水监测专用站少、密度低，站网分布不平衡。现有地下水站大都是为满足农业灌溉或供水需求服务而设置，以生产井为主。站网布局总体呈现北方多、南方少，面上观测多、超采区和水源地少，人工观测多、自动观测少，生产井多、专用井少，信息采集的时效性和准确性不高，难以满足地下水水位控制考核要求。

第三，取用水监测率低，大多数据主要依靠统计上报，可靠性不够。取用水监测数据目前主要依靠逐级上报的方式统计，数据可靠性、准确性、完整性和时效性不够，不能反映真实的用水情况，有限的计量监测设施还没有发挥应有作用，更难以支撑各地"水资源开发利用控制红线"用水总量考核的需要。

第四，水资源监测站网分散、不完整，管理不统一。在为水资源管理、调度、配置服务而布设的水资源监测站网中，存在多部门监测、多部门管理的现象，监测规范不统一，监测资料分散，难以满足水资源统一管理、科学管理的要求。

第五，水资源监测有关技术标准尚未形成自身体系。现有的规范标准主要基于传统的水文监测，尚缺乏满足区域水资源总量控制等红线指标要求的站网布设方法和监测频次、精度等技术标准。

第六，水资源监测有关基础研究薄弱，技术支撑能力不足。缺乏对满足总量控制指标要求的监测站布设原则的研究，缺乏对不同代表性断面监测精度和频次要求以及监测仪器设备的应用研究，缺乏对区域地下水位动态变化与开采量之间相关关系的研究等。

第三节　水资源监测与传统水文监测的主要差异

一、站网布设的原则不尽相同

传统水文监测主要以河流水系为基础进行水文站网布设,遵循流域与区域相结合、区域服从流域的基本原则,并根据测站集水面积、地理位置以及作用不同进行分类布设,主要体现在河流一条线上,是以流域水系控制为主。而水资源监测站网布设,除水文监测外,还涉及取用水、地下水等,由仅涉及河流的一条线扩展到涉及工农业、城市、乡村的面,是以区域控制为主。

水资源监测站网主要以能监控行政区域水资源量,满足以行政区域为单元的水资源管理需要为原则。《水资源水量监测技术导则》中提出了以下原则。

(一) 有利于水量水质同步监测和评价的原则

在行政区界、水功能区界、入河排污口等位置应布设监测或调查站点。

(二) 区域水平衡原则

根据区域水平衡原理,以水平衡区为监测对象,观测各水平衡要素的分布情况。

(三) 区域总量控制原则

应能基本控制区域产、蓄水量,实测水量应能控制区域内水资源总量的70%以上。

(四) 充分利用现有国家基本水文站网原则

若国家基本水文站网不能满足水量控制要求时,应增加水资源水量监测专用站。

(五) 有利于水资源调度配置原则

在有水资源调度配置要求的区域,应在主要控制断面、引(取、供）水及排（退）水口附近布监测站点。

（六）实测与调查分析相结合的原则

设站困难的区域，可根据区域内水文气象特征及下垫面条件进行分区，选择有代表性的分区设站监测，通过水文比拟法，获得区域内其他分区的水资源水量信息；也可通过水文调查或其他方法获取水资源水量信息。

二、站网布设的目的要求不尽相同

常规水文站网（流量站网）设站是以收集设站地点的基本水文资料为目的，主要是为防汛提供实时水情资料，通过长期观测，实现插补延长区域内短系列资料，利用空间内插或资料移用技术为区域内任何地点提供水资源的调查评价、开发和利用，水工程的规划、设计、施工，科学研究及其他公共所需的基本水文数据。常规水文测站一般需要设在具有代表性的河流上，以满足面上插补水文资料的要求，多布设在河流中部或河口处。

水资源监测站设立的主要目的是满足准确测算行政区域内的水资源量的需要，满足以行政区划为区域的水量控制需要。监测站位置一般需要设在跨行政区界河流上、重要取用水户（口）、水源地等，以满足掌握行政区域水资源量的要求。《水资源水量监测技术导则》中提出了以下要求。

（1）在有水资源调度配置需求的河流上应布设水量监测站。

（2）在引（取、供）水、排（退）水的渠道或河道上应布设水量监测站、点。

（3）湖泊、沼泽、洼淀和湿地保护区应布设水量监测站。可在周边选择一个或几个典型代表断面进行水量监测。

（4）在城市供用水大型水源地应布设水量监测站。可结合水平衡测试要求，布设水资源水量监测站，以了解重要及有代表性的供水企业或单位的用水情况。

（5）在对水量和水质结合分析预测起控制作用的入河排污口、水功能区界、河道断面应布设水资源水量监测站，以满足水资源评价和分析需要。

（6）在主要灌区的尾水处应布设水量监测站。

（7）在地下水资源比较丰富和地下水资源利用程度较高的地区应按《地下水监测规范》的要求布设地下水水量监测站，以掌握地下水动态水量。

（8）喀斯特地区，跨流域水量交换较大者，应在地表水与地下水转换的主要地点布设水资源水量专用监测站或在雨洪时期实地调查。

（9）平衡区内配套的雨量站网和蒸发站网应满足水平衡分析的要求。

（10）大型水稻灌区应有作物蒸散发观测站；旱作区除陆面蒸发外还应进行潜水蒸发观测。

（11）大型水库、面积超过30万亩的大型灌区应具有水资源水量监测专用站。

三、监测要素和时效性要求不尽相同

常规的流量水文测站一般要求监测项目齐全，至少应包括雨量、水位、流量三个项目，有的还有蒸发、泥沙、水质和辅助气象观测项目等。传统的水文测验重点常常是洪水，对中小水特别是枯水的测验要求相对较低，频次较少，平、枯水测验成果误差相对较大。常规水文站网中，部分具有防汛功能的测站需要实时报送监测信息，其他测站一般不具有实时报送水文信息的需求。

水资源监测要素比常规的水文监测要素更广泛一些，但水资源监测的重点往往是流量，因此对平、枯水流量的测验精度和频次要求高，同时还需要考虑水量水质同步监测的需要，而对降水、蒸发、泥沙和气象等项目的测验要求相对较低。水资源监测要素还包括取水量、用水量、排（退）水量、水厂的进出厂水量、地下水开采量等信息，水利工程信息（如泵站、闸门、水电站等水利工程运行的闸位），闸门、泵站、工程机械启动停止信息，管道内压力信息，以及城市、工业的明渠管道输水测量等。除此以外，为了水资源管理调度，还需要远程监控水资源信息，对一些重要水利工程和水源地对象实施远距离的视频监视信息传输，采用手工、半自动和自动等手段对重要闸门、水泵实施控制运行，并需要控制运行后的反馈信息。

　　水资源监测对监测信息的实时性要求一般较高，要求测站具有实时向水行政主管部门及时报送监测信息的功能，其监测频次相对传统水文测验而言要求高，对监测仪器设备配置和信息自动传输功能要求高，所以应优先考虑能实现巡测和自动监测，并具有信息自动传输功能的设备配置。

四、监测控制要求不尽相同

（一）数据准确度要求

　　常规的水文流量测验，国家基本水文站按流量测验精度分为三类。其中，流速仪法的测量成果可作为率定或校核其他测流方法的标准，其单次测量测验允许误差，一类精度的水文站总随机不确定度为5%～9%，二类精度的水文站总随机不确定度为6%～10%，三类精度的水文站总随机不确定度为8%～12%（总随机不确定度的置信水平为95%）。

　　上述水文测验的河流流量测量准确度要求已经是可能达到的最高要求，因此，水资源河流流量测量的准确度要求应和水文测验要求相同。但水资源监测中的管道流量和部分渠道流量测量准确度要求可能高于河流流量测验要求。地下水开采流量也应用明渠和管道流量测量方法监测，能达到相应的准确度要求。为了达到较高的水资源流量监测准确度

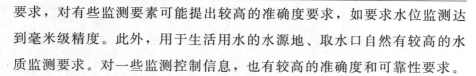
要求，对有些监测要素可能提出较高的准确度要求，如要求水位监测达到毫米级精度。此外，用于生活用水的水源地、取水口自然有较高的水质监测要求。对一些监测控制信息，也有较高的准确度和可靠性要求。

（二）传输控制要求

水资源管理系统需要传输有关图像，以监视现场。对需要控制运行的泵站、闸门等设施，要保证能可靠控制其运行，并不断监测其工作状况。这些要求和工作特性是完整的工业自动化远程监测控制系统所需要的，和一般的信息采集传输系统有所不同。

五、监测要素基本相同，但监测手段不同

目前水文监测以驻站测验为主，巡测和自动监测为辅，流量测验不完全要求在线监测，主要监测明渠流量；而水资源监测以自动监测和巡测为主，驻测为辅，流量监测一般要求实现直接或间接的在线监测，除明渠流量监测外，还需对管流进行监测。需要时，还要结合调查统计方法，对取用水量进行调查统计，获取其相应水量。当然，从水资源监控系统建设来说，除对水资源的质量监测外，还需对水资源工程信息和远程控制信息进行监测，这些监测更多的是采用自动监测。

（1）明渠中的流量监测是间接测量，一般不能直接测得流量，而是通过测量水位、水深、断面起点距、流速等多个要素，然后用数学模型计算得到流量。因而流速、水位、水深、起点距成为直接的水资源监测要素。在明渠流量监测中，无论水文监测还是水资源监测，其所需监测的要素相同，而水资源监测技术手段更趋向自动化。

（2）用于满管管道流量测量的管道流量计可直接测得流量数据。用于非满管管道流量测量的管道流量测量设施也属于间接测量，需要测量水位、流速，然后用数学模型计算得到流量。

（3）对于水库、湖泊，需要测量其蓄水量，有些河槽蓄水量也是水资源监测要素。监测水位后可以应用水位—库容关系等得到蓄水量。

（4）水质是水资源监测的重要因素，水质参数种类很多。《水环境监测规范》中对河流水质（如饮用水源地水质、湖泊水库水质、地下水水质）的必测项目和选测项目作了具体规定，多达到数十项。但常规检测并不完全分析全部项目。

（5）水温已被列入所有水质监测时的必测项目。水质监测中的悬浮物要素和水文测验中测得的悬移质泥沙含量接近，但没有明确两者关系。

第五章

水资源的开发与利用

第一节　水资源开发利用的情况调查

水资源开发利用情况调查评价是水资源规划及利用的重要组成部分，其主要任务是调查收集社会经济现状、供水、用水、水环境等资料，分析现状水资源开发利用水平、水资源开发利用趋势及开发利用中存在的问题，为社会经济发展预测、水资源合理配置及水资源可持续开发利用提供基础数据。

一、社会经济资料调查分析

收集统计与用水密切关联的经济社会指标，是分析现状用水水平和预测未来需水的基础，其指标主要有人口、工农业产值、灌溉面积、牲畜头数、国内生产总值（GDP）、耕地面积、粮食产量等。应结合用水项目分类，进一步对有关指标划分为与用水项目分类相对应的细目。不同部门数据相差较大时，应先分析其原因，再决定取舍；一般情况下，除灌溉面积采用水利部门统计数据外，其他数据应以统计部门为准。

人口分别按城镇人口和乡村人口（也称农村人口）统计，并要统计非农业人口。

工业分别按总产值和增加值统计，并将火电（包括核电）工业单独列出。水力发电属河道内用水，应将其从工业产值中扣除。国内生产总值、工业总产值和工业增加值按当年价和折算到价格水平年的可比价两种价格统计。工业总产值是指工业企业在一定时期内生产的以货币形式表现的总产出，反映工业生产的总规模和总水平。统计时以工业企业作为一个整体，企业内部不允许重复计算。但在企业之间、行业之间、地区之间存在着重复计算。工业增加值是指工业企业在一定时期内以货币表现的工业生产活动的最终成果，等于总产出减去中间投入后的余额，反映了工业行业对国内生产总值的贡献。

耕地是指能够种植农作物、经常进行耕作的田地，包括熟地、当年新开荒地、连续撂荒未满三年的耕地和当年休闲地（轮歇地），以种植农作物为主并附带种植桑树、茶树、果树和其他林木的土地及沿海、沿湖地区已围垦利用的"海涂""湖田"等也包括在内，但不包括专业性的桑园、茶园、果木苗圃、林地、芦苇地、天然草原等。

水田是指筑有田埂（坎），可以经常蓄水，用来种植水稻或莲藕、席草等水生作物的耕地。因天旱暂时没有蓄水而改种旱地作物的，或者实行水田和旱地作物轮作的，仍按水田统计。

灌溉面积分为农田灌溉面积和林牧渔用水面积。农田灌溉面积进一步细分为水田、水浇地和菜田面积（含花卉等）；林牧渔用水面积分为林果地灌溉面积、草场灌溉面积和鱼塘补水面积。农田灌溉面积按有效灌溉和实际灌溉分别统计。

农田有效灌溉面积是指具有一定的水源，地块比较平整，灌溉工程或设备已经配套，在一般年景下当年能够进行正常灌溉的耕地面积。农田实灌面积是指当年实际灌水一次以上（包括一次）的耕地面积。临时抗旱点种的面积不计入农田灌溉面积。

收集统计社会经济资料时，要对数据正确性进行检查，主要从各年社会经济资料的关系进行检查。对特殊数据在充分分析的基础上，进行必要的修正；同时，对每年不同社会经济指标也要进行相互之间的合理性分析，如农业有效灌溉面积一般大于水田面积和实灌面积等。

二、供水调查

（一）供水基础设施调查

1. 水源工程

（1）地表水源工程

分为蓄水工程、引水工程和提水工程，应按供水系统统计，要避免重复计算。

蓄水工程指水库和塘坝，按大、中、小型水库和塘坝分别调查统计。水库工程按总库容划分：大型$\geqslant 1.0 \times 10^8$ m^3，1.0×10^8 $m^3 >$中型$\geqslant 0.1 \times 10^8$ m^3，0.1×10^8 $m^3 >$小型$\geqslant 0.01 \times 10^8$ m^3。塘坝指蓄水量

不足 1.0×10^5 m³ 的蓄水工程，不包括鱼池、藕塘及非灌溉用的涝池或坑塘。

引水工程指从河道、湖泊等地表水体自流引水的工程（不包括从蓄水工程中引水的工程），按大、中、小型规模分别调查。提水工程指利用扬水泵站从河道、湖泊等地表水体提水的工程（不包括从蓄水工程中提水的工程），按大、中、小型规模分别调查。引、提水工程按取水能力划分：大型≥30 m³/s，10 m³/s≤中型＜30 m³/s，小型＜10 m³/s。

（2）地下水源工程

具体是指利用地下水的水井工程，按浅层地下水、深层承压水和浅深层混合井分别统计。浅层地下水指与当地降水、地表水体有直接补排关系的潜水和与潜水有紧密水力联系的弱承压水。混合井指利用浅层水和深层水的混合水井，不能和前两项统计重复。

（3）其他水源工程

其他水源工程包括集雨工程、污水处理再利用和海水利用等供水工程。集雨工程指用人工收集储存屋顶、场院、道路等场所产生径流的微型蓄水工程，包括水窖、水柜等。污水处理再利用工程指城市污水集中处理厂处理后的污水回用设施，要统计其座数、污水处理能力和再利用量。海水利用包括海水直接利用和海水淡化。海水直接利用指直接利用海水作为工业冷却水及城市环卫用水等。

2．公共自来水厂工程

调查所有公共自来水供水工程，包括水厂规模、供水范围、供水人口以及取水口水质状况等资料。水厂类型按以下分类：大型≥100×10⁴ t/d，5×10^4 t/d≤中型＜100×10⁴ t/d，1×10^4 t/d＜小型＜5×10⁴ t/d。

3．工矿企业自备水源工程

对工矿企业自备水源工程进行调查，除调查企业自备水源工程外，还应列出企业排水情况。

（二）供水量调查

供水量是指各种水源工程为用户提供的包括用水输水损失在内的供水量，又称毛供水量。农业供水从收水口开始计算输水损失，城市供水从水厂开始计算输水损失。水源取水口至收水口（或水厂）之间的输水损失另行统计，称为非用水输水损失。在受水区内，按取水水源分为地表水源供水量、地下水源供水量和其他水源供水量三种类型。工业供水量可按万元产值用水量统计计算。

1. 地表水源供水量

地表水源供水量按蓄、引、提、调四种形式统计。①从水库、塘坝中引水或提水，均属蓄水工程供水量；②从河道、湖泊中自流引水的，无论有闸或无闸，均属引水工程供水量；③利用扬水站从河流、湖泊中直接取水的，属提水工程供水量；④跨流域调水是指水资源一级区或独立流域之间的跨流域调配水量，不包括在蓄、引、提水量中。

地表水源供水量应以实测引水量或提水量作为统计依据，无实测水量资料时可根据灌溉面积、工业产值、实际毛用水定额等资料进行估算。估算可按下述方法进行。

农业供水量：

$$W = A \times M\epsilon$$

式中：W——农业毛灌溉供水量（m^3）；

$\quad\quad A$——灌溉面积（亩）；

$\quad\quad M\epsilon$——毛灌溉定额（m^3/亩）。

毛灌溉定额可采用下式计算：

$$M\epsilon = M/\eta$$

式中：M——灌溉净定额；

$\quad\quad \eta$——灌溉水利用系数。

2. 地下水源供水量

地下水源供水量指水井工程的开采量，按浅层淡水、深层承压水和微咸水分别统计。浅层淡水指矿化度≤2 g/L 的潜水和弱承压水，坎儿井的供水量计入浅层淡水开采量中。混合开采井的供水量，可根据实际情况按比例划分为浅层淡水和深层承压水。微咸水指矿化度为 2～3 g/L 的浅层水。

城市地下水源供水量应以自来水厂的计量资料作为主要依据，同时要调查统计自备井的开采量。

农灌井开采量的计量资料一般不全，无计量资料的可根据配套机电井数和调查确定的单井出水量（或单井灌溉面积、单井耗电量等资料）估算开采量，但应进行分析和平衡校验。

3．其他水源供水量

他水源供水量包括污水处理再利用、集雨工程、海水淡化的供水量。对于未经处理的污水和海水的直接利用量也需调查统计，不计入总供水量中。

大型水库（包括平原湖泊型水库）在区域供水中具有重要作用，为掌握区域大型水库的年供水过程，要求对大型水库供水近十年的供水情况进行典型调查。

（三）供水水质调查

1．供水水质统计

根据地表水取水口和地下水开采井的水质监测评价结果，分别统计供给生活、工业、农业不同水质类别的供水量。其中的农村生活用水和中小型灌区用水可按"符合"或"不符合"各自水质要求进行统计，农村生活用水和中小型灌区等分布较广的取水水质可按水资源调查评价中相应地区的水质类别统计。

灌区工程按灌区面积划分：大型≥30万亩，中小型＜30万亩。

2．供水水质评价

评价范围：所有地表水取水口及大型地下水开采井。

评价标准：地表水供水量水质按国家《地表水环境质量标准》评价。地下水供水量水质按国家《地下水质量标准》评价。

三、用水调查

（一）用水量调查

用水量指分配给用户的包括用水输水损失在内的毛用水量。按用户特性分为农业用水、工业用水和生活用水三大类，并按城（镇）乡分别进行统计。

1. 农业用水

农业用水包括农田灌溉和林牧渔业用水。农田灌溉是用水大户，应考虑灌溉定额的差别按水田、水浇地（旱田）和菜田分别统计。林牧渔业用水按林果地灌溉（含果树、苗圃、经济林等）、草场灌溉（含人工草场和饲料基地等）和鱼塘补水分别统计。

灌区用水为农业用水的一个组成部分，由于农业用水比重大，而实际的农业用水量很难统计出，需要对大、中、小型灌区进行调查，以便于开展农业用水计算。

2. 工业用水

各工业行业的万元产值取水量差别很大，应将工业划分为火电工业和一般工业进行用水量统计，并将城镇工业用水单列。在调查统计中，对于有用水计量设备的工矿企业，以实测水量资料作为统计依据，没有计量资料的可根据产值和实际毛用水定额估算用水量。工业用水量按新水取用量计，不包括企业内部的重复利用量。

3. 生活用水

按城镇生活用水和农村生活用水分别统计。城镇生活用水由居民住宅用水、公共用水（含服务业、商饮业、货运邮电业及建筑业等用水）、环境用水（含城区绿化用水、消防与河湖补水）等组成。随着城市建设的发展，建筑业用水量也急剧增加，为了合理预测建筑业需水状况，必须对建筑业现状用水情况进行调查。农村生活用水除居民生活用水外，还包括牲畜用水。

4. 河道内用水

冲淤保港、冲污水量也应计入，用来调查下述功能的实际发生值。

（1）水力发电用水。对于有水力发电功能的河段，现状水力发电用水量可采用实际水文测量值或者用发电机组的设计流量值确定。

（2）航运用水。在通航的河道中，航运对水位有一定的要求。当航道水位高于最低通航水位时，以船闸用水量作为航运用水；当航道水位低于最低通航水位时，用实际补水量或用水位差所对应水量及船闸用水之和作为航运用水。

（3）景观娱乐用水。景观娱乐用水区对水资源既有水质要求，又可能有水位要求。对两者都有要求时，取其中需水量较大者作为景观娱乐用水生态需水量，但不得高于基准年实际用水量。

（4）月外包用水。同一河道内各项用水可以重复利用，取外包线作为该河段的河道内各项用水综合要求。河道内用水量是在各单项生态、生产或环境用水量的基础上得到的，即取其中的最大者，其数学表达式为：

$$Q = \max(Q_i) + Q_{耗}$$

式中：Q——河道内用水量；

Q_i——单项河道内用水量；

$Q_{耗}$——由蒸发和侧渗漏造成的耗水量。

（二）用水消耗分析

用水消耗量指毛用水量在输水、用水过程中，通过蒸腾蒸发、土壤吸收、产品带走、居民和牲畜饮用等多种途径消耗掉，而不能回归到地表水体或地下含水层的水量。

1. 农田灌溉耗水量

一般可通过灌区水量平衡分析方法推求灌溉耗水量，也可用实灌亩次乘次灌水净定额近似作为耗水量。水田与水浇地、渠灌与井灌的耗水率差别较大，应分别计算耗水量。

2. 工业耗水量

一般情况可用工业取水量减去废污水排放量求得。废污水排放量可以在工业区排污口直接测定，也可根据工厂水平衡测试资料推求。火电耗水量可按装机容量乘耗水定额计算，火电耗水定额可按照编制用水定额时的典型调查资料进行推求。

3. 生活耗水量

城镇生活耗水量的计算方法与工业基本相同，即由用水量减去污水排放量求得。农村住宅一般没有给排水设施，用水定额低，耗水率较高（可近似认为农村生活用水量基本是耗水量）；对于有给排水设施的农村，应结合本地情况，通过调查确定耗水率估算耗水量。

4. 其他用户耗水量

各地可根据实际情况和资料条件采用不同方法估算。例如，果树、苗圃、草场的耗水量可根据实灌面积和净灌溉定额估算；城市水域和鱼塘补水可根据水面面积和水面蒸发量估算耗水量。

四、废污水及污染物排放量调查

（一）废污水及主要污染物排放量

废污水排放量是工业企业废污水排放量和城镇生活污水排放量的总称，其中火电厂直流式冷却水排放量不计入工业废污水排放量中。

调查工业企业废污水排放量、达标排放量、废污水处理量以及主要污染物排放量。根据废污水排放量及水质监测资料，估算区域主要污染物的排放量。主要污染物为 COD_{cr}、BOD_5、SS、氨氮、挥发酚、总氮、总磷、总汞、总镉等。对废污水排放量进行全面的调查统计，并对调查结果进行对比分析，检验用水量、用水消耗量与废污水排放量的合理性。

缺资料地区生活污水排放量可按综合生活用水量乘生活污水排放系数进行计算，生活污水排放系数以用水量估算的取值范围为 0.7～0.8，以供水量估算的取值范围为 0.6～0.7（通常取 0.64）。

污水排放量调查估算资料应与汇总到城镇的工业、生活用水量减去耗水量求得的排放量进行对比分析，检验用水消耗量与污水排放量的合理性。

合理性判断方法为：

$$Q_{工业排放} + Q_{生活排放} = Q_{用} - Q_{耗}$$

式中：$Q_{工业排放}$——调查城镇工业企业排水量；

$\quad\quad Q_{生活排放}$——调查城镇生活排水量；

$\quad\quad Q_{用}$——调查城镇用（供）水量；

$\quad\quad Q_{耗}$——调查城镇耗水量。

如上式明显不平衡，则要分析原因，对数据重新核实，直至合理。

（二）城市污水排放及处理情况

调查统计基准年城市（建制市）建成区废污水排放、处理及回用情况，并对人均污水排放量、单位产值污水排放量、单位产值各主要污染物排放量、污水处理率、回用率等指标进行分析与综合评价。

（三）城市污水处理厂尾水排放调查

对城镇集中式污水处理厂进行调查，调查其规模、污水处理工艺、处理程度及其排放去向。

（四）入河排污口及入河废污水量调查

排污口指人工设置的向水域排放工业废污水、污水处理厂尾水和城镇生活污水的通道出口，包括单一污染源（如工业污染源、污水处理厂等）向水域直接排污的排污口和一定范围内污染源集中向水域直接排污的排污口，调查时应分清单污染源排放还是多污染源集中排放。应调查统计排污口的位置、污水排放量、污染物质量、入排污口污染来源范围、主要污染源类别。

支流口指与本次规划水功能区水域接壤的小支流的河口。太湖流域河网密集、水流往复，应调查统计单个功能区的支流口数量、位置、入流时间、入流的污染源类别，应明确入支流的工业废水排放源和污水处理厂尾水排放源。

分析重点河段和水域的排污口及其排污情况，有条件的地区应开展入河排污口和支流口调查，无新资料的可采用已有的近年调查成果分析估算。

排入河流、湖泊、水库等地表水体的废污水量（即入河废污水量）为废污水排放量扣除废污水输送过程中的损失量，可由入河（湖、库）排污口污水流量观测资料求得或根据典型调查得到的入河系数（入河废污水量占废污水排放量的比值）进行估算。入河废污水量和入河主要污染物量的调查分析应以水功能区为基本单元，并把结果归并到水资源分区，以便与陆域排放量对应。有条件的应对以往废污水、污染物排放量及其入河量进行分析，以便对水污染的变化趋势进行分析研究。

除进行入河排污口的调查统计外，还要求对尚无控制的入河废污水量按河流断面的通量估算各水功能区全口径的入河废污水量。

（五）面源污染负荷调查评价

主要统计化肥（需要折算为有效成分，以氮、磷计量）和农药（需要折算为有效成分，以有机氯、有机磷计量）施用量（可以参考各市环境统计年鉴资料），以及禽畜养殖场 COD 和氨氮的排放量，并选择面源污染较重且资料条件好的地区或流域进行面源污染贡献率分析评价。

实测资料缺乏的集约化禽畜养殖场可以按照估算排水量，再按照主要污染物排放标准估算污染负荷。

五、与水相关的生态环境问题调查评价

调查评价内容包括地表水不合理开发利用、地下水超采、水体污染等造成的与水相关的生态环境问题。各地区应针对本辖区发生的主要生态环境问题，从形成原因、地域分布、危害程度及发展趋势等方面进行调查分析；对近年来为改善生态环境所采取的地下水限采、城市河湖整治、湿地补水以及山区退耕还林还草等措施，使生态环境状况明显改善的，也需相应进行调查分析。

地表水不合理开发利用造成的生态环境问题包括河道断流（干涸）、湖泊与湿地萎缩、河流下游天然林草枯萎、次生盐渍化等。对河道断流（干涸）要调查统计断流（干涸）天数和河长；对湖泊萎缩要调查统计水面面积和蓄水的减少数量；对次生盐渍化要调查统计产生的面积以及变化趋势。

地下水超采造成的生态环境问题包括形成地下水降落漏斗、地面沉降、地面塌陷、地裂缝、海水入侵、咸水入侵、天然林草枯萎和土地沙化等。对地下水漏斗要调查统计漏斗面积、中心水位埋深、下降速率及累计超采量；对地面沉降要调查统计沉降面积、最大降深及沉降速率；对海水、咸水入侵要调查统计入侵面积、入侵层位及入侵速度；对土地沙化要调查统计沙化面积和扩展速度。

在地表水、地下水水质评价的基础上，调查分析地表水与地下水污染对生态环境的影响，估算主要水源地水质恶化所造成的供水量衰减情况。

六、调查资料的合理性检查

（一）用水量资料的合理性检查

首先，结合社会经济资料计算统计年份各年各用水部门用水定额，从定额的合理性检查资料的合理性；其次，计算各分区历年人均用水量，根据地区分布特点，对特殊地区进行合理性分析；第三，分析各分区用水总体增长率，对用水增长较快的地区，分析原因并检查资料的合理性；最后，对不合理的数据进行修改和调整。

（二）供水量资料的合理性检查

供水量资料的合理性主要从供水增长和与当地资源量对比两个方面检查。供水量的总体增长趋势一般与供水工程的增加有关（也与用水和来水有关），在工程变化不大的地区，其供水量一般无明显增长趋势。供水量要小于当地可用资源量（包括外来水），尤其是地下水供水量总体要小于可开采量。

（三）供、用水量互相检查

供水量和用水量从供、用两个层面反映水资源开发利用情况，两者可以互相校验。某一年度各分区的供水量与用水量需进行平衡分析，若不平衡，则要分析其原因并进行修正。供水增长率和用水增长率要基本一致。

（四）耗水量

重点检查耗水量，生活用水耗水量各年提高不大，工业用水耗水量有提高，农业灌溉净灌水量可以认为是耗水量，农业灌溉水田、旱田耗水量差别很大，要分开计算。各区耗水量可用耗水平衡进行分析，可根据用水量和综合耗水量检验耗水量的正确性。

第二节 地表水资源的开发利用途径及工程

一、地表水资源的利用途径

（一）地表水资源的特点

地表水源包括江、河、湖泊、水库和海水，大部分地区的地表水源流量较大，由于受地面各种因素的影响，地表水资源表现出以下特点。

（1）地表水多为河川径流，一般径流量大，矿化度和硬度低。

（2）地表水资源受季节性影响较大，水量时空分布不均一。

（3）地表水水量一般较为充沛，能满足大流量的需水要求。因此，城市、工业企业常利用地表水作为供水水源。

（4）地表水水质容易受到污染，浊度相对较高，有机物和细菌含量高，一般均需常规处理后才能使用。

（5）采用地表水源时，在地形、地质、水文、卫生防护等方面的要求均较复杂。

（二）地表水资源开发利用途径及主要工程

为满足经济社会用水要求，人们需要从地表水体取水，并通过各种输水措施传送给用户。除在地表水附近，大多数地表水体无法直接供给人类使用，需修建相应的水资源开发利用工程对水进行利用。常见的地表水资源开发利用工程主要有河岸引水工程、蓄水工程、扬水工程和输水工程。

1. 河岸引水工程

由于河流的种类、性质和取水条件各不相同，从河道中引水通常有两种方式：一是自流引水；二是提水引水。自流引水可采用有坝与无坝两种方式。

（1）无坝引水

当河流水位、流量在一定的设计保证率条件下，能够满足用水要求时，即可选择适宜的位置作为引水口，直接从河道侧面引水，这种引水方式就是无坝引水。

在丘陵山区，若水源水位不能满足引水要求，亦可从河流上游水位较高地点筑渠引水。这种引水方式的主要优点是可以取得自流水头；主要缺点是引水口一般距用水地较远，渗漏损失较大，用水成本较高。

无坝引水渠道一般由进水闸、冲沙闸和导流堤三部分组成。进水闸的主要作用是控制入渠流量；冲沙闸的主要作用为冲走淤积在进水闸前的泥沙；而导流堤一般修建在中小河流上，平时发挥导流引水和防沙作用，枯水期可以截断河流，保证引水。

（2）有坝引水

当天然河道的水位、流量不能满足自流引水要求时，须在河道上修建壅水建筑物（坝或闸），抬高水位，以便自流引水，保证所需的水量，这种引水形式就是有坝引水。有坝引水枢纽主要由拦河坝（闸）、进水闸、冲沙闸及防洪堤等建筑物组成。

①拦河坝的作用为横拦河道、抬高水位，以满足自流引水对水位的要求，汛期则在溢流坝顶溢流，泄流河道洪水。

②进水闸的作用是控制引水流量，其平面布置主要有两种形式：一是正面排沙，侧面引水；二是正面引水，侧面排沙。

③冲沙闸的过水能力一般应大于进水闸的过水能力，能将取水口前的淤沙冲往下游河道。冲沙闸底板高程应低于进水闸底板高程，以保证较好的冲沙效果。

④为减少拦河坝上游的淹没损失，在洪水期保护上游城镇、交通的安全，可以在拦河坝上游沿河修筑防洪堤。

（3）提水引水

提水引水就是利用机电提水设备（水泵）等，将水位较低水体中的水提到较高处，满足引水需要。

2. 蓄水工程

这里主要介绍水库蓄水工程。当河道的年径流量能满足人们用水要求，但其流量过程与人们所需的水量不相适应时，则需修筑拦河大坝，形成水库。水库具有径流调节作用，可根据年内或多年河道径流量，对河道内水量进行科学调节，以满足用水的要求。水库枢纽由三类基本建筑物组成。

（1）挡水建筑物

水库的挡水建筑物指的是拦河坝，一般按建筑材料分为土石坝、混凝土坝和浆砌石坝。土石坝可分为土坝和堆石坝；常见的混凝土坝的种类有重力坝、拱坝、支墩坝等；浆砌块石坝可分为重力坝和拱坝等，因这种材料的坝体不利于机械化施工，故多在中小型水库上采用。这里仅简要介绍最为常见的重力坝、拱坝和土坝。

①重力坝

重力坝主要依靠坝体自重产生的抗滑力维持稳定，它是用混凝土或浆砌石修筑而成的大体积挡水建筑物，具有结构简单、施工方便、安全可靠性强、抗御洪水能力强等特点，但同时由于它体积庞大，对水泥用量多，且对温度要求严格，坝体应力较低，受扬压力作用大。

重力坝通常由非溢流坝段、溢流坝段和二者之间的连接边墩、导墙及坝顶建筑物等组成。一般来说，坝轴线采用直线，需要时也可以布置成折线或曲线，溢流坝段一般布置在中部原河道主流位置，两端用作溢流坝段与岸坡相接，溢流坝段与非溢流坝段之间用边墩、导墙隔开。

②拱坝

拱坝是坝体向上游凸出，在平面上呈现拱形，拱端支承于两岸山体上的混凝土或浆砌石坝。拱的两端支承于两岸山坡岩体上，作用于迎水面的荷载，大部分依靠拱的作用传递到两岸岩体上，只有少部分通过梁的作用传至坝基。拱坝具有体积小、超载能力和抗震性能好等特点，但由于拱坝坝体单薄、孔口应力复杂，因此坝身泄流布置复杂，同时施工技术要求高，尤其对地基的处理要求十分严格。修筑拱坝的理想地形条件是左右对称的 V 形和 U 形狭窄河段。理想的地质条件是岩石均匀单一、透水性弱，基岩坚固完整，无大的断裂构造和软弱夹层。

③土坝

土坝是历史最悠久也是最普遍的坝型。它具有可就地取材、构造简单、施工方便、适应地基的变形能力强等优点，但缺点是坝顶身不能溢流，坝体填筑工程量大。土坝的剖面一般是梯形，主要考虑渗流、冲刷、沉陷等对土坝的影响。土坝主要由坝体、防渗设备、排水设备和护坡四部分组成。坝体是土坝的主要组成部分，其作用是维持土坝的稳定。防渗设备的主要作用是减小坝体和坝基的渗透水量，要求用透水性小的土料或其他不透水材料筑成。排水设备的主要作用是尽量排出已渗入坝身的渗水，增强背水坡的稳定，可采用透水性强的材料，如砂、砾石、卵石和块石等。护坡的主要作用是防止波浪、冰凌、温度变化、雨水径流等的破坏，一般采用块石护坡。

（2）泄水建筑物

泄水建筑物主要用以宣泄多余水量，防止洪水漫溢坝顶，保证大坝安全。泄水建筑物有溢洪道和深式泄水建筑物两类。

①溢洪道

溢洪道可分为河床式和河岸式两种。河岸溢洪道根据泄水槽与溢流堰的相对位置不同可分为正槽式溢洪道和侧槽式溢洪道两种类型。正槽式溢洪道的溢流堰上的水流方向与泄水槽的轴线方向保持一致；而侧槽式溢洪道的溢流堰上的水流方向与泄水槽轴线方向斜交或正交。在实际中，主要根据库区地形条件选择溢洪道。

溢洪道通常由引水段、控制段、泄水槽、消能设备和尾水渠五部分组成。控制段、泄水槽和消能设备是溢洪道的主体部分；引水段和尾水渠分别是主体部分同上游水及下游河道的连接部分。引水段的作用是将水流平顺、对称地引向控制段。控制段主要控制溢洪道泄流能力，是溢洪道的关键部位。泄水槽的作用是宣泄通过控制段的水流。消能设备用于消除下泄水流的动能，防止下游河床和岸坡及相邻建筑物受水流的冲刷。尾水渠是将消能后的水流平顺地送到下游河道。

②深式泄水建筑物

深式泄水建筑物有坝身泄水孔、水工隧洞和坝下涵管等。一般仅作为辅助的泄洪建筑物。

（3）引水建筑物

在水库引水建筑物中，常见的形式有水工隧洞、坝下隧管和坝体泄水孔等。水工隧洞和坝下涵管均由进口段、洞（管）身段和出口段组成，两者不同之处在于水工隧洞开凿在河岸岩体内，坝下涵管在坝基上修建，其涵管管身埋设在土石坝坝体下面。

3. 扬水工程

扬水是指将水由高程较低的地点输送到高程较高的地点，或者给输水管道增加工作压力的过程。扬水工程主要是指泵站工程，是利用机电提水设备（水泵）及其配套建筑物，给水增加能量，使其满足兴利除害要求的综合性系统工程。水泵与其配套的动力设备、附属设备、管路系统和相应的建筑物组成的总体工程设施称为水泵站，亦称扬水站或抽水站。扬水的工作程序为：高压电流→变电站→开关设备→电动机→水泵→吸水（从水井或水池吸水）→扬水。

用以提升、压送水的泵称为水泵，按其工作原理可分为两类：动力式泵和容积式泵。动力式泵是靠泵的动力作用使液体的动能和压能增加和转换完成的，属于这一类的有离心泵、轴流泵和旋涡泵等；容积式水泵对水流的压送是靠泵体工作室容积的变动来完成的，属于这一类的有活塞式往复泵、柱塞式往复泵等。

目前，在城市给水排水和农田灌溉中，最常用的是离心泵。离心泵的工作原理是利用泵体中的叶轮在动力机（电动机或内燃机）的带动下高速旋转，由于水的内聚力和叶片与水之间的摩擦力不足以形成维持水流旋转运动的向心力，泵内的水就会不断地被叶轮甩向水泵出口处，而在水泵进口处造成负压，使进水池中的水在大气压的作用下经过底阀，从进水管流向水泵进口。

泵站主要由吸水井、设有机组的泵房和配电设备三部分组成。其中，吸水井的作用是保证水泵有良好的吸水条件，同时也可以当作水量调节建筑物。设有机组的泵房包括吸水管路、管路、控制闸门及计量设备等。配电设备包括高压配电、变压器、低压配电及控制启动设备。低压配电与控制启动设备，一般设在泵房内，各水管之间的联络管可根据具体情况，设置在室内或室外；变压器可以设在室外，但应有防护设施除此之外，泵房内还应有起重等附属设备。

4．输水工程

在开发利用地表水的实践活动中，水源与用水户之间往往存在着一定的距离，这就需要修建输水工程。输水工程主要采用渠道输水和管道输水两种方式。其中，渠道输水主要应用于农田灌溉；管道输水主要用于城市生产和生活用水。

二、地表水取水构筑物介绍

由于地表水水源的种类、性质和取水条件各不相同，因而地表水取水构筑物有多种形式。按水源的种类分，地表水取水构筑物可分为河流、湖泊、水库、海水取水构筑物；按取水构筑物的构造形式，可分为固定式（岸边式、河床式、斗槽式）和移动式（浮船式、缆车式）两种。在山区河流上，则有带低坝的取水构筑物和底栏栅式取水构筑物。

（一）固定式取水构筑物

固定式取水构筑物是地表水取水构筑物中较常用的类型，它包含种类较多，与移动式取水构筑物相比，它具有取水可靠、维护方便、管理简单以及适用范围广等优点，但其有投资较大、水下工程量较大、施工期长等缺点。

固定式取水构筑物有多种分类方式，按位置分为岸边式、河床式和斗槽式。其中，岸边式和河床式应用较为普遍，而斗槽式目前使用较少，下面重点介绍岸边式和河床式两类。

1. 岸边式取水构筑物

直接从岸边进水口取水的构筑物称为岸边式取水构筑物，它由进水间和泵房两部分组成。岸边式取水构筑物无须在江河上建坝，适用于河岸较陡、主流近岸、岸边水深足够、水质和地质条件都较好、且水位变幅较稳定的情况，但水下施工工程量较大，且须在枯水期或冰冻期施工完毕。根据进水间与泵房是否合建，岸边式取水构筑物可分为合建式和分建式两种。

（1）合建式岸边取水构筑物

合建式岸边取水构筑物的进水间和泵房合建在一起，设在岸边。水经进水孔进入进水室，再经格网进入吸水室，然后由水泵抽送至水厂或用户。进水孔上的格栅用以拦截水中粗大的漂浮物。进水间中的格网用以拦截水中细小的漂浮物。

合建式岸边取水构筑物的特点是设备布置紧凑、总建筑面积较小、水泵吸水管路短、运行安全、管理和维护方便、应用范围较广。但合建式土建结构复杂，施工较为困难，只有在岸边水深较大、河岸较陡、河岸地质条件良好、水位变幅和流速较大的河流才采用。

合建式岸边取水构筑物的结构类型通常有以下几种。

①进水间与泵房基础处于不同的标高上，呈阶梯式布置。这种布置形式的合建式岸边取水构筑物适用于河岸地质条件较好的地方。

②进水间与泵房基础处于相同的标高上，呈水平式布置。当岸边地质条件较差，为避免不均匀沉降，或供水安全性要求较高，水泵需自灌启动时，宜采用此布置形式。这种形式的取水构筑物多用卧式泵。

③将②中的卧式泵改为立式泵或轴流泵，且吸水间在泵房下面。

（2）分建式岸边取水构筑物

当岸边地质条件较差，进水间不宜与泵房合建时，或者分建对结构和施工有利时，宜采用分建式。分建式进水间设于岸边，泵房建于岸内地质条件较好的地点，但不宜距进水间太远，以免吸水管过长。分建式取水构筑物土建结构简单、易于施工，但水泵吸水管路长，水头损失大，运行安全性较差，且对吸水管及吸水底阀的检修较困难。

2. 河床式取水构筑物

从河心进水口取水的构筑物称为河床式取水构筑物。河床式取水构筑物与岸边式基本相同，但用伸入江河中的进水管（其末端设有取水头部）来代替岸边式进水间的进水孔，它主要由泵房、集水间、进水管和取水头部组成。其中，泵房和集水间的构造与岸边式取水构筑物的泵房和进水间基本相同，当主流离岸边较远、河床稳定、河岸较缓、岸边水深不足或水质较差，但河心有足够水深或较好水质时，适宜采用河床式取水构筑物。

河床式取水构筑物根据集水井与泵房间的联系，可分为合建式与分建式。河床式取水构筑物按照进水管形式的不同，可以分为四种基本形式：自流管取水式、虹吸管取水式、水泵直接取水式和江心桥墩取水式。

（1）自流管取水式

河水在重力作用下，从取水头部流入集水井，经格网后进入水泵吸水间。这种引水方法由于自流管淹没在水中，河水依靠重力自流，安全可靠，但敷设自流管时土方开挖量较大，适用于自流管埋深不大或在河

107

岸可以开挖隧道时的情况。淤积、河水主流游荡不定等情况下，最好不用自流管引水。

（2）虹吸管取水式

河水进入取水头部后经虹吸管流入集水井的取水构筑物称虹吸管式取水构筑物。当枯水期主流远离取水岸、水位又很低、河流水位变幅大，河滩宽阔、河岸高、自流管埋深很大或河岸为坚硬岩石以及管道需穿越防洪堤时，宜采用虹吸管式取水构筑物。由于虹吸高度最大可达 7 m，故可大大减少水下施工工作量和土石方量，缩短工期，节约投资，但是虹吸管必须保证严密、不漏气，因此对管材及施工质量要求较高。

（3）水泵直接吸水式

这种形式的取水构筑物不设集水间，河水由伸入河中的水泵吸水管直接取水，在取水量小、河水水质较好、河中漂浮物较少、水位变幅不大，不需设格网时，可采用此种引水方式。由于利用水泵的吸水高度使泵房埋深减小，且不设集水井，因此施工简单，造价低，可在中小型取水工程中采用。但要求施工质量高，不允许吸水管漏气；在河流泥沙颗粒粒径较大时，水泵叶轮磨损较快；由于没有集水井和格网，漂浮物易堵塞取水头部和水泵。

（4）江心桥墩取水式

桥墩式取水构筑物也称江心式或岛式取水构筑物。整个取水构筑物建在江心，在集水井进水间的井壁上开设进水孔，从江心取水，构筑物与岸之间架设引桥。桥墩式取水构筑物适用于含沙量高、主流远离岸边、岸坡较缓、无法设取水头部、取水安全性要求很高的情况。

（二）移动式取水构筑物

在水源水位变幅大、供水要求急和取水量不大时，可考虑采用移动式取水构筑物（分为浮船式和缆车式）。

1. 浮船式取水构筑物

浮船式取水构筑物是将取水设备直接安置在浮船上，由浮船、锚固设备、联络管及输水斜管等部分组成。它的特点是构造简单、便于移动、适应性强、灵活性大，能经常取得含沙量较小的表层水，且无水下工程，投资省、上马快。浮船式取水需随水位的涨落拆换接头、移动船位、紧固缆绳、收放电线电缆，尤其水位变化幅度大的洪水期，操作管理更为频繁。浮船必须定期维护，且工作量大。浮船式取水构筑物的适用于河床稳定，岸坡适宜，有适当倾角，河流水位变幅在 $10\sim35$ m 或更大，水位变化速度不大于 2 m/h，枯水期水深不小于 1.5 m，水流平稳，流速和风浪较小，停泊条件好的河段。在我国西南、中南等地区应用较广泛。

2. 缆车式取水构筑物

缆车式取水构筑物由泵车、坡道或斜桥、输水管和牵引设备等部分组成。缆车式取水构筑物是用卷扬机绞动钢丝绳牵引泵车，使其沿坡道上升或下降，以适应河水的涨落，因此受风浪的影响小，能取得较好水质的水。

缆车式取水构筑物具有施工简单、水下工程量小、基建费用低、供水安全可靠等优点，适用于河流水位变幅为 $10\sim15$ m，枯水位时能保证一定的水深，涨落速度小于 2 m/h，无冰棱和漂浮物较少的情况。其位置宜选择在河岸岸坡稳定、地质条件好、岸坡倾角适宜的地段。如果河岸太陡，所需牵引设备过大，移车较困难；如果河岸太缓，则吸水管架太长，容易发生事故。

(三) 山区浅水河流取水构筑物

1. 山区浅水河流的特点

(1) 河床多为粗颗粒的卵石、砾石或基岩，稳定性较好。

(2) 河床坡降大、河狭流急，洪水期流速大、推移质多，有时可挟带直径 1 m 以上的大滚石。

(3) 水位和流量变化幅度大，雨后水位猛涨、流量猛增，但历时很短。枯水期的径流量和水位均较小，甚至出现多股细流和局部地表断流现象。洪、枯水期径流量之比常达数十倍、数百倍甚至更大。

（4）水质变化剧烈。枯水期水质较好，清澈见底；洪水期水质变浑，含沙量大，漂浮物多。

（5）北方某些山区河流潜冰（水内冰）期较长。

2．山区河流取水的特点

山区河流枯水期河流流量很小，因此取水量占河水枯水径流量的比重通常很大，有时高达 70％～90％。平、枯水期水层浅薄，不能满足取水深度要求，需要修筑低坝抬高水位或采用底部进水的方式解决；洪水期推移质多、粒径大，因此在山区浅水河流的开发利用中，既要考虑到使河水中的推移质能顺利排除，不致大量堆积，又要考虑使取水构筑物不被大颗粒推移质损坏。

3．取水构筑物类型

适合于山区浅水河流的取水构筑物型式有低坝取水、底栏栅取水、渗渠取水以及开渠引水等。这里只对低坝式取水构筑物和底栏栅取水构筑物进行简要介绍。

（1）低坝式取水构筑物

当山区河流水量特别小、取水深度不足时，或者取水量占枯水流量的比重较大（30％～50％及以上）时，在不通航、不放筏、推移质不多的情况下，可在河流上修筑低坝以抬高水位和拦截足够的水量。低坝位置应选择在稳定河段上，坝的设置不应影响原河床的稳定性。取水口宜布置在坝前河床凹岸处。当无天然稳定的凹岸时，可通过修建弧形引水渠造成类似的水流条件。

低坝有固定式和活动式两种。固定式低坝取水构筑物通常由拦河低坝、冲沙闸、进水闸或取水泵站等部分组成；活动式低坝在洪水期可以开启，减少上游淹没的面积，并能冲走坝前沉积的泥沙，枯水期能挡水和抬高上游水位，因此采用较多，但维护管理较复杂。近些年来广泛采用的新型活动坝有橡胶坝、浮体闸等。

（2）底栏栅取水构筑物

通过坝顶带栏栅的引水廊道取水的构筑物，称为底栏栅取水构筑物。它由拦河低坝、底栏栅、引水廊道、沉沙池、取水泵站等部分组成。在河床较窄、水深较浅、河床纵坡降较大、大颗粒推移质特别多的山溪河流，且取水量占河水总量比例较大时采用。

（四）湖泊和水库取水构筑物

1．湖泊和水库特征

（1）湖泊和水库的水位与其蓄水量和来水量有关，其年变化规律基本上属于周期性变化。以地表径流为主要补给来源的湖泊或水库，夏秋季节出现最高水位，冬末春初则为最低水位。水位变化除与蓄水量有关外，还会受风向与风速的影响。在风的作用下，向风岸水位上升，而背风岸水位下降。

（2）湖泊和水库具有良好的沉淀作用，水中泥沙含量较低，浊度变化不大。但在河流入口处，由于水流突然变缓，易形成大量淤积。

（3）不同的湖泊或水库，水的化学成分不同；同一湖泊或水库，位置不同，水的化学成分和含盐量也不一样。湖泊、水库的水质与补给水水源的水质、水量流入和流出的平衡关系、蒸发量的大小、蓄水构造的岩性等有关。

（4）湖泊、水库中的水流动缓慢，浮游生物较多，多分布于水体上层 10 m 深度以内的水域。浮游生物的种类和数量，近岸处比湖中心多，浅水处比深水处多，无水草处比有水草处多。

2．取水构筑物位置选择

（1）不宜选择在湖岸芦苇丛生处附近。一般在这些湖区有机物丰富，水生物较多，水质较差，尤其是水底动物较多，螺丝等软体动物吸着力强，若被水泵吸入后将会产生堵塞现象。

（2）夏季主风向的向风面的凹岸处有大量的浮游生物集聚并死亡，腐烂后产生异味，水质恶化，且一旦藻类被吸入水泵提升至水厂后，会在沉淀池和滤池的滤料内滋生，增大滤料阻力，因此应避免选择在该处修建取水构筑物。

（3）应选择大坝附近或远离支流的汇入口，这样可以防止泥沙淤积取水头部。

（4）应建在稳定的湖岸或库岸处，可以避免大风浪和水流对湖岸、库岸的冲击和冲刷，减少对取水构筑物的危害。

3．取水构筑物类型

（1）隧洞式取水和引水明渠取水

在水深大于 10 m 以上的湖泊或水库中取水可采用引水隧洞或引水明渠。隧洞式取水构筑物可采用水下岩塞爆破法施工。

（2）分层取水的取水构筑物

为避免水生生物及泥沙的影响，应在取水构筑物不同高度设置取水窗，这种取水方式适宜于深水湖泊或水库。例如，在夏秋季节，表层水藻类较多，到秋末这些漂浮生物死亡，沉积于库底或湖底，因腐烂而使水质恶化发臭；在汛期，暴雨后的地表径流带有大量泥沙流入湖泊水库，使水的浊度骤增。采用分层取水的方式，可以根据不同水层的水质情况，取得低浊度、低色度、无嗅的水。

（3）自流管式取水构筑物

在浅水湖泊和水库取水，一般采用自流管或虹吸管把水引入岸边深挖的吸水井内，然后水泵的吸水管直接从吸水井内抽水。泵房与吸水管可以合建，也可分建。

（五）海水取水构筑物

1．海水取水的特点

（1）海水含盐量高，腐蚀性强

海水含有较高的盐分，一般为 3.5％，如不经处理，一般只宜作为工业冷却水。海水中主要含有氯化钠、氯化镁和少量的硫酸钠、硫酸钙，具有较强的腐蚀性和较高的硬度。

防止海水腐蚀的主要措施有：

①采用耐腐蚀的材料及设备，如采用青铜、镍铜、铸铁、钛合金以及非金属材料制作的管道、管件、阀件、泵体、叶轮等。

②表面涂敷防护。如管内壁涂防腐涂料，采用有内衬防腐材料的管件、阀件等。

③采用阴极保护。

④宜采用标号较高的抗硫酸盐水泥及制品，或采用混凝土表面涂敷防腐技术。

（2）海生生物的影响与防治

海生生物的大量繁殖常堵塞取水头部、格网和管道，且不易清除，对取水安全可靠性构成极大威胁。

防治和清除的方法有加氯法、加碱法、加热法、机械刮除、密封窒息、含毒涂料、电极保护，其中以加氯法采用较多，效果较好。

（3）潮汐和波浪

潮汐现象是指海水在天体（主要是月球和太阳）引潮力作用下所产生的周期性运动。习惯上把海面铅直向涨落称为潮汐，而海水在水平方向的流动称为潮流。潮汐平均每隔12小时25分钟出现一次高潮，在高潮之后6小时12分钟出现一次低潮。

波浪则是由风引起的。风力大、历时长时，往往会产生巨浪，且具有很大的冲击力和破坏力。取水构筑物应设在避风的位置，对潮汐和海浪的破坏力给予充分考虑。

（4）泥沙淤积

海滨地区，潮汐运动往往使泥沙移动和淤积，在泥质海滩地区，这种现象更为明显。因此，取水口应避开泥沙可能淤积的地方，最好设在岩石海岸、海湾或防波堤内。

2. 海水取水构筑物分类

（1）引水管渠取水构筑物

当海滩比较平缓时，可采用自流管或引水管渠取水。

（2）岸边式取水构筑物

在深水海岸，若地质条件及水质良好，可考虑设置岸边式取水，直接从岸边取水。

（3）潮汐式取水构筑物

在海边围堤修建蓄水池，在靠海岸的池壁上设置若干潮门。涨潮时，海水推开潮门，进入蓄水池；退潮时，潮门自动关闭，泵站从蓄水池取水。利用潮汐蓄水，可以节省投资和电耗。

三、地表水输水工程的选择

这里主要介绍城市给水管道工程。

（一）给水管网系统

给水管网系统是保证城市、工矿企业等用水的各项构筑物和输配水管网组成的系统。其基本任务是安全合理地供应城乡人民生活、工业生产、保安防火、交通运输等各项用水，保证满足用水对水量、水质和水压的供水要求。

给水管网系统一般由输水管（渠）、配水管网、水压调节设施（泵站、减压阀）及水量调节设施（清水池、水塔、高地水池）等构成。

（1）输水管（渠）指在较长距离内输送水量的管道或渠道，一般不沿线向外供水。

（2）配水管网指分布在供水区域内的配水管道网络，其功能是将来自较集中点（如输水管渠的末端或储水设施等）的水量分配输送到整个供水区域，使用户能从近处接管用水。

（3）泵站是输配水系统中的加压设施，可分为抽取原水的一级泵站、输送清水的二级泵站和设于管网中的增压泵站等。

（4）减压阀是一种自动降低管路工作压力的专门装置，它可将阀前管路较高的水压减少至阀后管路所需的水平。

（5）水量调压设施包括清水池、水塔和高地水池等，其中清水池位于水厂内，水塔和高地水池位于给水管网中。水量调节设施的主要作用是调节供水和用水的流量差，也用于储备用水量。

（二）给水管网的布置

城市给水管网是由直径大小不等的管道组成的，担负着城镇的输水和配水任务。给水管网布置的合理与否关系供水是否安全、工程投资和管网运行费用是否经济。

1. 管网布置的原则

（1）根据城市规划布置管网时，应考虑管网分期建设的需要，留出充分发展的余地。

（2）保证供水有足够的安全可靠性，当局部管线发生事故时，断水范围最小。

（3）管线应遍布整个供水区内，保证用户有足够的水量和水压。

（4）管线敷设应尽可能短，以降低管网造价和供水能量费用。

2. 管网布置形式

给水管网主要有树状网和环状网两种形式。树状网是指从水厂泵站到用户的管线布置呈树枝状，适用于小城市和小型工矿企业供水。这种管网的供水可靠性较差，但其造价低。环状网中，管线连接成环状，当其中一段管线损坏时，损坏部分可以通过附近的阀门切断，而水仍然可以通过其他管线输送至以后的管网，因而断水的范围小，供水可靠性高，还可大大减轻因水锤作用产生的危害，但其造价较高，一般在城市初期可采用树状网，以后逐步连成环状网。

3. 管网布置要点

城市管网布置取决于城镇平面布置，供水区地形、水源和调节构筑物位置，街区和用户特别是大用水户分布，以及河流、铁路、桥梁的位置等。主要遵循以下几点原则。

（1）干管延伸方向应与主要供水方向一致。当供水区中无用水大户和调节构筑物时，主要供水方向取决于用水中心区所在的位置。

（2）干管布设应遵循水流方向，尽可能沿最短距离达到主要用水户。干管的间距可根据街区情况，采用 $500 \sim 800$ m。

（3）对城镇边缘地区或郊区用户，通常采用树状管线供水；对个别用水量大、供水可靠性要求高的边远地区用户，也可采用双管供水。

（4）若干管之间形成环状网，则连接管的间距可根据街区大小和供水可靠性要求，采用 $800 \sim 1000$ m。

（5）干管一般按城市规划道路定线，并要考虑发展和分期建设的需要。

（6）管网的布置还应考虑一系列关于施工和经营管理上的问题。

第三节　地下水资源的开发利用途径及工程

一、地下水资源的开发利用途径

合理开发利用地下水，对满足人类生活与生产需求以及维持生态平衡具有重要意义，特别是对于某些干旱半干旱地区，地下水更是其主要的甚至是唯一的水源。目前在我国的大中型城市中，北方70%、南方20%的地区以地下水作为主要供水水源。此外，许多大中型能源基地、重化工企业和轻工企业均以地下水作为供水水源。

（一）地下水的开发利用途径

地下水的开发利用需要借助一定的取水工程来实现。取水工程的任务是从地下水水源地中取水，送至水厂处理后供给用户使用，它包括水源、取水构筑物、输配水管道、水厂和水处理设施。地下水取水构筑物与地表水取水构筑物差异较大，而输配水管道、水厂和水处理设施基本上与地表水供水设施一致。

地下水取水构筑物的形式多种多样，综合归纳可概括为垂直系统、水平系统、联合系统和引泉工程四大类型。当地下水取水构筑物的延伸方向基本与地表面垂直时，称为垂直系统，如管井、筒井、大口井、轻型井等各种类型的水井；当取水构筑物的延伸方向基本与地表面平行时，称为水平系统，如截潜流工程、坎儿井、卧管井等；将垂直系统与水平系统结合在一起，或将同系统中的几种联合成一整体，便可称为联合系统，如辐射井、复合井等。

在修建取水工程之前，首先要对开采区开展水文地质调查，明确地下水水源地的特性，如是潜水还是承压水，是孔隙水、裂隙水还是岩溶水，进而选择经济合理、技术可行的取水构筑物（类型、结构与布置等）来开采地下水。

（二）地下水开发利用的优点

同地表水相比，地下水的开发利用有其独特优势。

1. 分布广泛，容易就地取水

我国地下水开发利用主要以孔隙水、岩溶水、裂隙水三类为主，其中以孔隙水分布最广，岩溶水在分布、数量和开发上均居其次，而裂隙水则最小。据调查，松散岩类孔隙水分布面积约占全国面积的 1/3，我国许多缺水地区，如位于西北干旱区的石羊河流域、黑河流域山前平原处都有较多的孔隙水分布。此外，孔隙水存在于松散沉积层中，富水性强且地下水分布比较均匀，打井取水比较容易。

2. 水质稳定可靠

一般情况下，未受人类活动影响的地下水是优质供水水源，水质良好、不易被污染，可作为工农业生产和居民生活用水的首选。地下水资源的这种优势在我国北方干旱半干旱地区尤为明显，因为当地地表水资源极其贫乏，因此不得不大量开采地下水来维持生活和生产用水。此外，地下水含水层受包气带的过滤作用和地下微生物的净化作用，使其产生了天然的屏障，不易被污染。地下水在接受补给和运移过程中，由于含水层的溶滤作用使地下水中含有多种矿物质和微量元素，成为优质的饮用水源。我国的高寿命地区大多与饮用优质地下水有关。

3. 具有时间上的调节作用

地下水和地表水产汇流机制的不同，导致其接受补给的途径和时间存在一定的差别。地表水的补给受降水影响显著，降水在地面经过汇流后可迅速在河道形成洪水，随时间的变化比较剧烈。地下水的补给则受降水入渗补给、地表水入渗补给、灌溉水入渗补给等多方面的影响，且由于其在地下的储存流动通道与地表水有很大的差异，因此地下水资源随着时间的变化相对稳定，在枯水期也能保证有一定数量的地下水供应。

4. 减轻或避免了土地盐碱化

在一些低洼地区开采地下水，降低了地下水位，减少了潜水的无效蒸发，进而可改良盐碱地，并取得良好的社会效益和环境效益。

5. 具备某些特殊功效

由于地下水一年四季的温差要大大小于地表水，因此常常成为一些特殊工业用水的首选。此外，由于多数地下水含有特定的化学成分，因此还有其他重要的作用。例如，含有对人体生长和健康有益元素的地下水可作为矿泉水、洗浴水；富含某些元素的高矿化水可提取某些化工产品；高温地下热水，可作为洁净的能源用于发电或取暖；富含硝态氮的地下水可用于农田灌溉，有良好的肥效作用等。

（三）地下水资源的合理开发模式

不合理地开发利用地下水资源会引发地质、生态、环境等方面的负面效应。因此，在地下水开发利用之前，首先要查清地下水资源及其分布特点，进而选择适当的地下水资源开发模式，以促使地下水开采利用与经济社会发展相互协调。下面将介绍几种常见的地下水资源开发模式。

1. 地下水库开发模式

地下水库开发模式主要分布在含水层厚度大、颗粒粗，地下水与地表水之间有紧密水力联系，且地表水源补给充分的地区；或具有良好的人工调蓄条件的地段，如冲洪积扇顶部和中部。冲洪积扇的中上游区通常为单一潜水区，含水层分布范围广、厚度大，有巨大的储存和调蓄空间，且地下水位埋深浅、补给条件好，而扇体下游区受岩相的影响，颗粒变细并构成潜伏式的天然截流坝，因此极易形成地下水库。地下水库的结构特征，决定了其具有易蓄易采的特点以及良好的调蓄功能和多年调节能力，有利于"以丰补歉"，充分利用洪水资源。目前，不少国家和地区都采用地下水库式开发模式。

2. 傍河取水开发模式

我国北方许多城市，如西安、兰州、西宁、太原、哈尔滨、郑州等，其地下水开发模式大多是傍河取水型的。实践证明，傍河取水是保证长期稳定供水的有效途径，特别是利用地层的天然过滤和净化作用，使难以利用的多泥沙河水转化为水质良好的地下水，从而为沿岸城镇生活、工农业用水提供优质水源。在选择傍河水源地时，应遵循以下原则：①在分析地表水、地下水开发利用现状的基础上，优先选择开发程度低的地区；②充分考虑地表水、地下水富水程度及水质；③为减少新建厂矿所排废水对大中城市供水水源地的污染，新建水源地尽可能选择在大中城镇上游河段；④尽可能不在河流两岸相对布设水源地，避免长期开采条件下两岸水源地对水量、水位的相互削减。

3. 井渠结合开发模式

农灌区一般采用井渠结合开发模式，特别是在我国北方地区，由于降水与河流径流量年内分配不均匀，与农田灌溉需水过程不协调，易形成"春夏旱"。为解决这一问题，发展井渠结合的灌溉，可以起到井渠互补、余缺相济和采补结合的作用。实现井渠统一调度，可提高灌溉保证程度和水资源利用效率，不仅是一项见效快的水利措施，还是调控潜水位、防治灌区土壤盐渍化和改善农业耕作环境的有效途径。经内陆灌区多年实践证明，井渠结合灌溉模式具有如下效果：一是提高灌溉保证程度，缓解或解决了春夏旱的缺水问题；二是减少了地表水引水量，有利于保障河流在非汛期的生态基流；三是可通过井灌控制地下水位，改良盐渍化。

4. 排供结合开发模式

在采矿过程中，地下水大量涌入矿山坑道，往往使施工复杂化和采矿成本增高，严重时甚至威胁矿山工程和人身安全，因此需要采取相应的排水措施。例如，我国湖南某煤矿，平均每采 1 t 煤，需要抽出地下水 130 m³ 左右。矿坑排水不仅增加了采矿的成本，而且还造成地下水资源的浪费，如果矿坑排水能与当地城市供水结合起来，则可起到一举两得的效果，目前已有部分城市，将矿坑排水用于工业生产、农田灌溉，甚至是生活用水等。

5. 引泉模式

在一些岩溶大泉及西北内陆干旱区的地下水溢出带可直接采用引泉模式，为工农业生产提供水源。大泉一般出水量稳定，水中泥沙含量低，适宜直接在泉口取水使用，或者在水沟修建堤坝，拦蓄泉水，再通过管道引水，以解决城镇生活用水或农田灌溉用水。这种方式取水经济，一般不会引发生态环境问题。

以上是几种主要地下水开发模式，实际中远不止上述几种，可根据开采区的水文地质条件来选择合适的开发模式，使地下水资源开发与经济社会发展、生态环境保护相协调。

二、地下水取水构筑物介绍

（一）管井

1. 管井的构造

管井是地下水取水构筑物中应用最广泛的一种，因其井壁和含水层中进水部分均为管状结构而得名。通常用凿井机械开凿，故又俗称机井。按其过滤器是否贯穿整个含水层，可分为完整井（贯穿整个含水层）和非完整井（穿过含水层的一部分）。

管井主要由井室、井壁管、过滤器及沉砂管构成。当有几个含水层且各层水头相差不大时，可用多过滤器管井，在抽取稳定的基岩中的岩溶水、裂隙水时，管井也可不装井壁管和过滤器。现将管井各部分构造分述如下。

（1）井室

井室位于最上部，用以保护井口、安装设备、进行维护管理。井室的构造应满足室内设备的正常运行要求，为此井室应有一定的采光、采暖、通风、防水、防潮设施，应符合卫生防护要求。具体实施措施如下：井口要用优质黏土或水泥等不透水材料封闭，一般不少于 3 m，并应高出井室地面 0.3～0.5 m，以防止井室积水流入井内。

抽水设备是影响井室结构的主要因素，水泵的选择首先应满足供水时流量与扬程的要求，即根据井的出水量、静水位、动水位和井的构造（井源、井径）、给水系统布置方式等因素来决定。管井中常用的水泵有深井泵、潜水泵和卧式水泵，深井泵流量大，不受地下水位埋深的限制；潜水泵结构简单、质量轻、运转平稳、无噪声，在小流量管井中广泛应用；卧式水泵受其吸水高度的限制，一般用于地下水位埋深不大的情况。

井室的形式在很大程度上取决于抽水设备，同时也要考虑气候、水源的卫生条件等。深井泵站的井室一般采用地上式，潜水泵和卧式泵的井室均为地下式。

（2）井管

井管也称井壁管，是为了保护井壁不受冲刷、防止不稳定岩层的塌落、隔绝水质不良的含水层而设的。由于受到地层及人工填砾的侧压力作用，故要求它应有足够的强度，并保持不弯曲，内壁平滑、圆整，以利于安装抽水设备和井的清洗、维修。井管可以是钢管、铸铁管、钢筋混凝土管、石棉水泥管、塑料管等。一般情况下，钢管适用的井深范围不受限制，但随着井深的增加应相应增大壁厚。铸铁管一般适用于井深小于 250 m 的范围，它们均可用管箍、丝扣或法兰连接。钢筋混凝土管一般井深不得大于 150 m，常用管顶预埋钢板圈焊接连接。井管直径应按水泵类型、吸水管外形尺寸等确定。当采用深井泵或潜水泵时，井管内径应大于水泵井下部分最大外径 100 mm。

（3）过滤器

①过滤器的作用、组成

过滤器是管井的重要组成部分。它连接于井管，安装在含水层中，用以集水和保持填砾与含水层的稳定。它的构造、材质、施工安装质量对管井的出水量、含砂量和工作年限有很大影响，所以是管井构造的核心。对过滤器的基本要求是：具有较大的孔隙度和一定的直径，有足够的强度和抗蚀性，能保持人工填砾和含水层的稳定性，成本低廉。

过滤器主要由过滤骨架和过滤层组成。过滤骨架起支撑作用，在井壁稳定的基岩井中，也可直接用作过滤器；过滤层起过滤作用。

过滤骨架分为管型和钢筋型两种。管型按过滤骨架上的孔眼特征又分为圆孔及长条（缝隙）形两种。直接用作过滤器时，称其为圆孔过滤器、缝隙过滤器及钢筋过滤器。圆孔、缝隙过滤骨架可以是钢、铸铁、水泥、塑料或其他材料加工而成的。塑料过滤骨架具有抗蚀性强、质量轻、加工方便等优点，缺点是强度较低。骨架圆孔的直径一般为 10～15 mm；条形孔尺寸无统一规定，视孔壁的砂石粒径大小而定。钢筋型骨架是竖向钢筋和支撑环间隔排列焊接而成的管状物，一般仅用于不稳定的裂隙岩层，其优点是用料省、易加工、孔隙率大，但其抗压强度较低，不宜用于深度大于 200 m 的管井和侵蚀性较强的含水层。过滤骨架孔眼的大小、排列、间距，与管材强度、含水层的孔隙率及其粒径有关，使过滤器周围形成天然反滤层（反滤层是指在地下水取水构筑物进水处铺设的粒径沿水流方向由细到粗的级配沙砾层）。

过滤层起着过滤作用，有分布于骨架外的密集缠丝、带孔眼的滤网及砾石充填层等。

②过滤器的分类

不同骨架和不同过滤层可组成各种过滤器。

A. 骨架过滤器：只由骨架组成，不带过滤层，仅用于井壁不稳定的基岩井，而较多地用作其他过滤器的支撑骨架。

B. 缠丝过滤器：其过滤层由密集程度不同的缠丝构成。如为管状骨架，则在垫条上缠丝；如为钢筋骨架，则直接在其上缠丝。缠丝为金属丝或塑料丝，一般采用直径 2～3 mm 的镀锌铁丝；在腐蚀性较强的地下水中宜用不锈钢等抗蚀性较好的金属丝。生产实践中还曾试用尼龙丝、增强塑料丝等强度高、抗蚀性强的非金属丝代替金属丝，取得较好的效果，而且其制作简单、经久耐用，适用于中砂及更粗颗粒的岩石与各类基岩。若岩石颗粒太细，要求缠丝间距太小，加工时有困难，此时可在缠丝过滤器外充以砾石。

C. 包网过滤器：由支撑骨架和滤网构成。为了发挥网的渗透性，需在骨架管上焊接纵向垫条，网再包于垫条外。网外再绕以稀疏的护丝（条），以防磨损。网材有铁、铜、不锈钢、塑料压模等。一般采用直径为 0.2～1 mm 的铜丝网，网眼大小也可根据含水层颗粒组成来确定。过滤器的微小铁丝，易被电化学反应腐蚀并堵塞，因此也有用不锈钢丝网或尼龙网取代的。与缠丝过滤器相同，包网过滤器适用于中砂、粗砂、砾石、卵石等含水层，但由于包网过滤器阻力大，易被细砂堵塞，易腐蚀，因而已逐渐为缠丝过滤器取代。

D. 填砾过滤器：以上述各种过滤器为骨架，围填以与含水层颗粒组成有一定级配关系的砾石层，统称为填砾过滤器。工程中应用较广泛的是在缠丝过滤器外围填砾石组成的缠丝填砾过滤器。这种人工围填的砾石层又称人工反滤层。由于在过滤器周围的天然反滤层是由含水层中的骨架颗粒的迁移而形成的，所以不是所有含水层都能形成效果良好的天然反滤层。因此，工程上常用人工反滤层取代天然反滤层。填砾过滤器适用于各类砂质含水层和砾石、卵石含水层，过滤器的进水孔尺寸等于过滤器壁上所填砾石的平均粒径。

③过滤器的直径、长度

过滤器的直径影响井的出水量，因此它是管井结构设计的关键，过滤器直径的确定是根据井的出水量选择水泵型号，按水泵安装要求确定的，一般要求安装水泵的井段内径应比水泵铭牌上标定的井管内径至少大 50 mm。

在生产实践中，通常采用内径 300 mm（外径 350 mm）的过滤器周围填入 100～150 mm 厚度的砾石层，由此过滤器可保持 600 mm 左右的外径，这对于一般施工条件来说是可以做到的，但对于农业灌溉井可以略小，对于大型企业和大城市供水井则可加大，甚至达 1000 mm。

此外，在管井运行时，如地下水流速过大，当超过含水层允许渗透速度时，含水层中某些颗粒就会被大量带走，破坏含水层的天然结构。为保持含水层的稳定性，需要对过滤器的尺寸，尤其是过滤器的外径，进行入井流速的复核计算。

过滤器的长度关系地下水资源的有效开发，它根据设计出水量、含水层性质和厚度、水位下降及其他技术经济因素来确定。合理确定过滤器的有效长度是比较困难的。根据井内测试，管井中 70%～80% 的出水量是从过滤器上部进入的，尤其是靠近水泵吸水口部位，而下部进水很少，含水层厚度越大，透水性越好，井径越小，这时出水量的不均匀分布越明显。过滤器的适用长度不宜超过 30 m，对此，近年来在一些厚度很大的含水层中，常采用多井分段开采法，以提高开发利用率。

④过滤器的安装部位

过滤器的安装部位影响管井的出水量及其他经济效益。因此，应安装在主要含水层的主要进水段；同时，还应考虑井内动水位深度。过滤器一般设在厚度较大的含水层中部，可将过滤管与井管间隔排列，在含水层中分段设置，以获得较好的出水效果。对多层承压含水层，应选择含水性最强的含水段安装过滤器。潜水含水层若岩性为均质，应在含水层底部的 1/3～1/2 厚度内安装过滤器。

（4）沉砂管

沉砂管位于井管的最下端，用以沉积涌入井内的砂粒，防止沉砂堵塞过滤器，长度一般不少于 2～3 m，如果含水层中多粉细砂，可适当加长。人工封闭物是为了防止地表污水、污物及水质不良地下水污染含水层而设置的隔离层，一般采用优质黏土，如果要求较高，也可选用水泥封闭。

2. 管井的施工

管井的施工建造一般包括钻凿井孔、井管安装、填砾和管外封闭、洗井、抽水试验等步骤。

（1）钻凿井孔

钻凿井孔的方法主要有冲击钻进和回转钻进。

冲击钻进的基本原理是使钻头在井孔内上下往复运动，依靠钻头自重来冲击孔底岩层，使之破碎松动，再用抽筒捞出，如此反复，逐渐加深，形成井孔。冲击钻进依靠冲击钻机来实现，适用于松散的冲洪积地层。在钻进过程中，应采用清水、泥浆或套筒护壁，以防井壁坍塌。冲击钻进法效率低、速度慢，但机器设备简单、轻便。

回转钻进的基本原理是使钻头在一定的钻压下在孔底回转，以切削、研磨、破碎孔底岩层，并依靠循环冲洗系统将岩屑带上地面，如此循环钻进形成井孔。回转钻进依靠回转钻机来实现。回转钻进又分一般（正循环）回转钻进、反循环回转钻进及岩芯回转钻进。采用一般回转钻进时，泥浆泵从泥浆池吸取泥浆，经空心钻杆将泥浆送入井孔底部，与碎岩土混合后经由钻杆外围的井孔上升至井口并流入泥浆池，经沉淀去除岩土后泥浆循环使用。采用反循环回转钻进时，泥浆泵的吸入口与空心钻杆顶端相连，通过钻杆将井孔底部岩土泥浆混合液吸出并排入泥浆池，经沉淀去除岩土后从井口流入井孔。反循环式钻杆内的上升流速较大，可将较大粒径的岩土吸出井孔，但受到泥浆泵吸出高度的限制，钻杆的长度不能太长，钻进不能太深。岩芯回转钻进工作情况和一般回转钻进基本相同，只是所用的是岩芯钻头。岩芯钻头只将沿井壁的岩石粉碎，保留中间部分，因此效率较高，并能将岩芯取到地面供考察地层构造用。岩芯回转法适用于钻凿坚硬的岩层。

凿井方法的选择对降低管井造价、加快凿井进度、保证管井质量都有很大的影响，因此在实际工作中，应结合具体情况，选择适宜的凿井方法。

（2）井管安装

当钻进到预定深度后，即可进行井管安装。在安装井管以前，应根据从钻凿井孔时取得的地层资料，对管井构造设计进行核对、修正，如过滤器的长度和位置等。井管安装应在井孔凿成后及时进行，尤其是非套管施工的井孔，以防井孔坍塌。井管安装必须保证质量，如井管偏斜和弯曲，都将影响填砾质量和抽水设备的安装及正常运行。下管可采用直接提吊法、提吊加浮板（浮塞）法、钢丝绳托盘法、钻杆托盘法等。井管下完后，钻机仍需提吊部分重量，并实使井管上部固定于井口，不因井管自重而使井管发生弯曲。

（3）填砾和管外封闭

填砾和管外封闭是紧接井管安装的一道工序。填砾规格、填砾方法、不良含水层的封闭质量和井口封闭质量，都可能影响管井的水量和水质。

填砾首先要保证砾石的质量，应以坚实、圆滑砾石为主，并应按设计要求的粒径进行筛选和冲洗。填砾时，要随时测量砾面高度，以了解填入的砾料是否有堵塞现象，井管外封闭一般用黏土球，球径为25 mm左右，用优质黏土制成，其湿度要适宜，要求下沉时黏土球不化解。当填至井口时应进行夯实。

（4）洗井

在凿井过程中，泥浆和岩屑不仅滞留在井周围的含水层中，而且还在井壁上形成一层泥浆壁。洗井就是要消除井孔及周围含水层中的泥浆和井壁上的泥浆壁，同时还要冲洗出含水层中部分细小颗粒，使井周围含水层形成天然反滤层，因此洗井是影响水井出水能力的重要工序。洗井工作要在上述工序完成之后立即进行，以防泥浆壁硬化，给洗井带来困难。洗井方法有活塞洗井、压缩空气洗井、水泵抽水（或压水）洗井、液态CO_2洗井、酸化CO_2喷洗井等多种方法。以活塞洗井法为例，该法是用安装在钻杆上带有活门的活塞，在井壁管内上下拉动，使过滤器周围形成反复冲洗的水流，以破坏泥浆壁并清除含水层中残留泥浆和细小颗粒。当泥浆壁被破坏，出水变清，就可以结束洗井工作。

（5）抽水试验

抽水试验是管井建造的最后阶段，目的在于测定井的出水量，了解出水量与水位降落值的关系，为选择、安装抽水设备提供依据，同时采集水样进行分析，以评价井的水质。

抽水试验前应先测出静水位，抽水时还要实时测定与出水量相应的动水位。抽水试验的最大出水量一般应达到或超过设计出水量，如设备条件所限，也不应小于设计出水量的 75%。抽水试验时，水位下降次数一般为 3 次，至少为 2 次，每次都应保持一定的水位降落值与出水量稳定延续时间。

抽水试验过程中，除认真观测和记录有关数据外，还应在现场及时进行资料整理工作，例如，绘制出水量与水位降落值的关系曲线、水位和出水量与时间关系曲线以及水位恢复曲线等，以便发现问题，及时处理。

（二）大口井

大口井因其井径大而得名，它是开采浅层地下水的一种主要取水构筑物，成为我国除管井外的另一种应用比较广泛的地下水取水构筑物。小型大口井构造简单、施工简便易行、取材方便，故在农村及小城镇供水中广泛采用，在城市与工业的取水工程中则多用大型大口井。对于埋藏不深、地下水位较高的含水层，大口井与管井的单位出水能力的投资往往不相上下，这时取水构筑物类型的选择就不能单凭水文地质条件及开采条件，而应综合考虑其他因素。

大口井的优点是：不存在腐蚀问题，进水条件较好，使用年限较长，对抽水设备形式限制不大，如有一定的场地且具备较好的施工技术条件，可考虑采用大口井。我国大口井的直径一般为 4～8 m，井深一般在 12 m 以内，很少超过 20 m。大口井大多采用不完整井型式，虽然施工条件较困难，但可以从井筒和井底同时进水，以扩大进水面积，而且当井筒进水孔被堵后，仍可保证一定的进水量。但是，大口井对地下水位变动适应能力很差，在不能保证施工质量的情况下会拖延工期、增加投资，亦易产生涌砂（管涌或流砂现象）、堵塞问题。在含铁量较高的含水层中，这类问题更加严重。

1. 大口井的构造

大口井主要是由上部结构、井筒及进水部分组成。

（1）上部结构

上部结构的布设主要取决于水泵站是与大口井分建还是合建，而这又取决于井水位（动水位与静水位）的变化幅度、单井出水量、水源供水规模及水源系统布置等因素。如果井水位的下降幅度较小、单井出水量大、井的布置分散、仅1～2口井即可达到供水规模要求，可考虑泵站与井合建。

当地下水位较低或井水位变化幅度大时，为避免合建泵房埋深过大，使上部结构复杂化，可考虑采用深井泵取水。泵房与大口井分建，则大口井井口可仅设井室或者只设盖板，后一种情况适合在低洼地带（河滩或沙洲）修建，可经受洪水的冲刷和淹没（需设法密封）。

由于大口井直径大，含水层浅，容易受到污染，因此应特别做好井口的污染防治工作，井口应加盖封闭，盖板上开设人孔和透气孔，雨污水及爬虫等不得进入井内。井口应高出地表0.5 m以上，井口周围设置宽度和高度均不小于1.5 m的环形黏土封闭带。用卧式泵抽水时，往往将水泵安装在专门建设的泵房内，水泵吸水管伸入大口井吸水；有的大口井直接将抽水设备安装在井盖上，并建有井室，此时应注意泵房污水对大口井的污染，穿越井盖的管线应加设套管。

（2）井筒

井筒包括井中水面以上和水面以下两部分，用钢筋混凝土、砖、石条等砌成。井筒是大口井的主体，用以加固围护井壁，支撑井外土层，形成大口井的腔室，同时也起到隔离不良含水层的作用。井筒的直径应根据出水量计算、允许流速校核及安装抽水设备的要求来确定。井筒的外形通常呈圆筒形、截头圆锥形、阶梯圆筒形等，其中圆筒形井筒易于保证垂直下沉，节省材料，受力条件好，利于进水。有时在井筒的下半部设有进水孔。在深度较大的井筒中，为克服较大下沉摩擦阻力，常采用变截面结构的阶梯状圆形井筒。

用沉井法施工的井筒最下端应做成刃脚状，以利于下沉过程中切削土层。刃脚部分的外径比上部井筒外径大 10～20 cm，这样切削出来的井孔直径大于上部井筒外径，井筒就不会与土层接触，因而减小了井筒下沉摩擦阻力。刃脚的高度不应小于 1.2 m。

（3）进水部分

进水部分包括井壁进水孔（或透水井壁）和井底反滤层。

①井壁进水孔

井壁进水孔是在井筒上开设水平或向外倾斜的孔洞，并在孔洞内填入一定级配的砾石反滤层，形成滤水阻砂的进水孔。按照进水孔的方向分为水平孔和斜形孔两种，其中水平孔因容易施工，故较多采用。壁孔一般为直径 100～200 mm 的圆孔或 100 mm×150 mm～200 mm×250 mm 的矩形孔，交错排列于井壁，其孔隙率在 15％左右。为避免含水层的渗透性，孔内装填一定级配的滤料层，孔的两侧设置不锈钢丝网，以防滤料漏失。水平孔不易按级配分层加填滤料，为此也可应用预先装好滤料的铁丝笼填入进水孔。斜形孔多为圆形，孔倾斜度不宜超过 45°，孔径为 100～200 mm，孔外侧设有格网。斜形孔滤料稳定，易于装填、更换，是一种较好的进水孔形式。

透水井壁由无砂混凝土制成。有砌块构成或整体浇筑等形式，每隔 1～2 m 设一道钢筋混凝土圈梁，以加强井壁强度。其结构简单、制作方便、造价低，但在细粉砂地层和含铁地下水中易堵塞。

②井底反滤层

由于井壁进水孔易堵塞，多数大口井主要依靠井底进水，即将整个井底做成透水的砾石反滤层，形成透水井底，在这一过程中井底反滤层的质量极为重要。反滤层通常做成锅底状，分 3～4 层铺设，每层厚 200～300 mm。当含水层为粉砂、细砂层时，可适当增加层数；当含水层为均匀性较好的砾石、卵石层时，则可不必铺设反滤层。在铺设反滤层时，砾石自下向上逐渐变粗，最下层粒径应与土层颗粒粒径相适应，

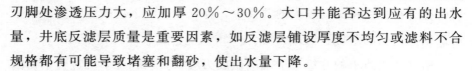
刃脚处渗透压力大，应加厚20％～30％。大口井能否达到应有的出水量，井底反滤层质量是重要因素，如反滤层铺设厚度不均匀或滤料不合规格都有可能导致堵塞和翻砂，使出水量下降。

2．大口井的施工

大口井的施工方法有大开挖施工法和沉井施工法两种。

（1）大开挖施工法

大开挖施工法是在开挖的基槽中，进行井筒砌筑或浇注及铺设反滤层工作。其优点是可以就地取材，便于井底反滤层施工，可在井壁外围回填滤料层，改善进水条件；但在深度大、水位高的大口井中，施工土方量大，排水费用高。因此，此法适用于建造直径小于4 m、井深9 m以内的大口井，或者地质条件不宜采用沉井施工法的大口井。

（2）沉井施工法

沉井施工法是在井位处先开挖基坑，然后在基坑上浇注带有刃脚的井筒；待井筒达到一定强度后，即可在井筒内挖土，利用井筒自重切土下沉。沉井法的优点是：在条件允许时，可利用抓斗或水力机械进行水下施工，能节省排水费用，施工安全，对含水层扰动程度轻，对周围建筑物影响小。但也存在排除故障困难、反滤层质量不容易保证等缺点。

（三）复合井

复合井是由非完整大口井和井底下设管井过滤器组成。实际上，它是一个大口井和管井组合的分层或分段取水系统。它适用于地下水水位较高、厚度较大的含水层，能充分利用含水层的厚度，增加井的出水量。实验证明，当含水层厚度大于大口井半径3～6倍，或含水层透水性较差时，采用复合井出水量增加显著。

（四）辐射井

辐射井是由集水井（垂直系统）及水平的或倾斜的进水管（水平系统）联合构成的一种井型，属于联合系统的范畴。因水平进水管是沿集水井半径方向铺设的辐射状渗入管，故称这种井为辐射井。由于扩大了进水面积，其单井出水量为各类地下水取水构筑物之首。高产的辐射井

日产水量可达 $1.0 \times 10^5 \mathrm{m}^3$ 以上。因此，也可作为旧井改造和增大出水量的措施。

辐射井是一种适应性较强的取水构筑物，一般不能用大口井开采的、厚度较薄的含水层，以及不能用渗渠开采的厚度薄、埋深较大的含水层，均可用辐射井开采。此外，辐射井还具有管理集中、占地省、便于卫生防护等优点，辐射井的缺点是：施工难度较高，施工质量和施工技术水平直接影响出水量的大小。

1. 辐射井的类型

按集水井本身取水与否，将辐射井分为集水井井底与辐射管同时进水和集水井井底封闭仅辐射管进水两种形式。前者适用于厚度较大的含水层。

按辐射管铺设方式，辐射井有单层辐射管和多层辐射管两种。

按集取水源的不同，辐射井又分为集取一般地下水、集取河流或其他地表水体渗透水、集取岸边地下水和河床地下水的辐射井等形式。

2. 辐射井的构造

（1）集水井

集水井又称竖井，其作用是汇集辐射管的来水和安装抽水设备等，对于不封底的集水井还兼有取水井的作用。集水井的直径一般不应小于 3 m，通常采用圆形钢筋混凝土井筒，沉井施工。集水井的深度视含水层的埋深条件而定，多数深度在 10～20 m，也有深达 30 m 者。

（2）辐射管

辐射管是直径为 50～250 mm 的穿孔管，当管径为 50～75 mm 时，管长不超过 10 m；管径为 100～250 mm 时，管长不超过 30 m。辐射管孔眼可用圆孔或条形孔，孔眼应交错排列，开孔率 15%～20%，在靠近集水井 2～3 m 的集水管上不设穿孔。辐射管尽量布置在集水井的底部，一般距井底 1 m 左右，以保证在大水位降条件下取得最大的出水量。

补给充分时可设置多层辐射管，层距 1.5～3 m，每层 3～8 根。辐射管应有向井内倾斜的坡度，以利于集水排沙。采用顶管施工时，辐射管采用厚壁钢管；套管施工时，可采用薄壁钢管、铸铁管及非金属管。辐射管的布置形式和数量多少，直接关系到辐射井出水量的多少与工程造价的高低，因此应密切结合当地水文地质条件与地表水体的分布以及它们之间的联系，因地制宜地加以确定。

3. 辐射井的施工

辐射井的集水井和辐射管的结构不同，施工方法和施工机械也完全不同，下面分别叙述。

（1）集水井的施工方法

集水井的施工方法基本与大口井相似，除人工开挖法和机械开挖法外，还可用钻孔扩孔法施工。钻孔扩孔法是用大口径钻机直接成孔，或用钻机先打一口径较小的井孔，然后用较大钻头一次或数次扩孔到设计孔径为止。井孔打成之后用漂浮法下井管。此法适宜井径不是很大的集水井，当前一般小于 3 m。

（2）辐射管的施工方法

辐射管的施工方法基本上可分为顶（打）进法和钻进法两种。前者适用于松散含水层，而后者适用于黄土类含水层。

顶进法是采用油压千斤顶或拉链起重器，将辐射管或套管逐节陆续压入含水层中。目前，先进的顶进法是在辐射管的最前端装有一个空心铸钢特制的锥形管头，并在辐射管内装置一个清砂管。在辐射管被顶进的过程中，含水层中的细砂砾进入锥头，通过清砂管带到集水井内排走。同时，可将含水层中的大颗粒砾石推挤到辐射管的周围，形成一条天然的环形砂砾反滤层。

钻进法所使用的水平钻机的结构和工作原理与一般循环回转钻进相似，只是钻机较轻便且钻进方向不同而已，目前常用的钻机有 TY 型、SPZ 型和 SX 型等。

（五）渗渠

渗渠是水平铺设在含水层中的穿孔渗水管渠。渗渠可分为集水管和集水廊道两种形式；同时也有完整式和非完整式之分。集水廊道造价高，很少采用。由于渗渠是水平铺设在含水层中，也称水平式取水构筑物。

渗渠主要是依靠较大的长度来增加出水量，因而埋深不宜大，一般为 4～7 m，很少超过 10 m。它适宜于开采埋深小于 2 m、含水层厚度小于 6 m 的浅层地下水。常平行埋设于河岸或河漫滩，用以集取河流下渗水或河床潜流水。

渗渠的优点是既可截取浅层地下水，也可集取河床地下水或地表渗水，渗渠水经过地层的渗滤作用，悬浮物和细菌含量少，硬度和矿化度低，兼有地表水与地下水的优点；渗渠可以满足北方山区季节性河段全年取水的要求。其缺点是施工条件复杂、造价高、易淤塞，常有早期报废的现象，应用受到限制。

渗渠由渗水管渠、集水井和检查井组成。

渗水管渠常采用钢筋混凝土或混凝土管，也可采用浆砌石或装配式混凝土配件砌筑成城门洞形暗渠，小水量也可采用铸铁管和石棉水泥管。在管渠的上 1/3～1/2 范围内开设进水孔，孔眼为直径 20～30 mm 的圆孔或 20 mm ×（60～100）mm 的条孔，管外填 3～4 层人工反滤层。管渠的直径和坡度应能满足输送最大流量的要求，管内充满度为 0.4～0.8，流速 0.5～0.8 m/s。

集水井用以汇集管渠来水，安装水泵吸水管，同时兼有调节、蓄水和沉砂作用。

检查井设置在管渠末端、拐弯和断面改变处，直线段每隔 30～50 m 设一个检查井，以便于清理、检修。检查井下部直径不小于 1 m，进口直径不小于 0.7 m。检查井和集水井都应做好卫生防护，防止地表污染物或地表水进入。

（六）坎儿井

坎儿井是我国新疆地区在缺乏把各山溪地表径流由戈壁长距离引入灌区的手段以及缺乏提水机械的情况下，根据当地自然条件、水文地质特点，创造出用暗渠引取地下潜流，进行自流灌溉的一种特殊水利工程。

坎儿井按其成井的水文地质条件可分为三种类型：一是山前潜水补

给型，此类坎儿井直接截取山体前侧渗出的地下水，集水段较短；二是山溪河流河谷潜水补给型，此类坎儿井集水段较长，出水量较大，在吐鲁番、哈密地区分布较广；三是平原潜水补给型，此类坎儿井分布在灌区内，水文地质条件差，出水量也较少。

1. 坎儿井的构造

坎儿井的布设，大致顺冲积扇的地面坡降，即地下潜流的流向，与之相平行或斜交。其构造由竖井、暗渠、明渠和涝坝（小型蓄水池）四部分组成。

竖井是开挖暗渠时供定位、进入、出土和通风之用，并为整个工程完成后检查维修之用的人工开挖竖井。开挖时所取的土堆积在竖井周围，形成环形小土堆，可以防止一般地表水入侵。竖井的间距，一般上游段为 60～100 m，中游段为 30～60 m，下游段为 10～30 m。竖井深度，上游段为 40～70 m，最深可达 100 m；中游段为 20～40 m；下游段为 3～15 m。其断面一般为矩形，长边顺暗渠方向。

暗渠也称集水廊道或输水廊道。首部为集水段，在潜水位下开挖，引取地下潜流，每段长为 5～100 m。位于冲积扇上部的坎儿井，因土层多砂砾石，含水层较丰富，其集水段较短；而冲积扇中部以下的坎儿井，集水段较长。集水段以下的暗渠为输水部分，一般在潜水位上干土层内开挖。暗渠的纵坡，比当地潜水位的纵坡要平缓，所以在集水段延伸一定距离后，可高出潜水位。暗渠的总长度，视潜水位埋藏深度、暗渠纵坡和地面坡降而定，一般 3～5 km，最长的超过 10 km。暗渠断面，除满足引水流量的需要外，主要根据开挖操作的要求来设计，通常采用窄深式，宽为 0.5～0.8 m，高为 1.4～1.7 m。

明渠与一般渠道设计基本相同，横断面多为梯形，坡度小，流速慢。暗渠与明渠相接处称龙口，龙口以下接明渠。

涝坝又称蓄水池，用以调节灌溉水量，缩短灌溉时间，减少输水损失。涝坝面积不等，通常为 600～1300 m³，水深 1.5～2 m。

2. 坎儿井的施工

坎儿井的施工基本上仍采取传统开挖工艺，其步骤如下：首先，根据耕地或拟垦荒的位置，向上游寻找水源并估计潜流水位的埋深，确定坎儿井的布置，根据可能穿过的土层性质，考虑暗渠的适宜纵坡；其次，开挖暗渠，一般从下游开始，先挖明渠的首段和坎儿井的龙口，再向上游逐段布置竖井开挖，每挖好一个竖井，即从竖井的底部向上游或下游单向或双向逐段挖通暗渠；最后，再从头至尾修正暗渠的纵坡。挖暗渠和竖井所使用的工具，主要为镢头和刨锤。出土时，用土筐从竖井上使用辘轳起吊，一般用人力拉，在上游较深的竖井则用牛力拉。为了防止大风将沙土刮进坎儿井，并避免冬天冻坏，竖井进口处冬季常用树梢、禾秆及土分层封盖。挖暗渠时因工作面较窄，一处只能容一人挖，又在黑暗中摸索进行，仅靠油灯照明，其定向方法主要是在竖井内垂挂两个油灯，从这两个灯的方向和高低，可以校正暗渠的方向和纵坡，一般先挖暗渠的底部，后挖顶部。要用两手轮流交叉挖，以防挖偏。整个工程的施工一般需3～5人，遇到松散砂层时，须局部用板支撑，避免塌方，并防以后水流淘刷。

（七）渗流井

渗流井是一种汲取河流渗漏补给量的新技术，是利用天然河床砂砾石层的净化作用，将河水转化为地下水，以获得水资源的取水工程。

1. 渗流井的结构

渗流井由竖井、平巷、硐室和辐射孔（渗流孔）四部分组成，是一种结构较为复杂的地下水取水建筑物。每个渗流井视具体情况一般包含若干个硐室，在各硐室的顶部及侧面一般向上或侧上方向上施工若干辐射孔，辐射孔伸入到河谷区的主要含水段内；硐室间距约50 m，之间通过平巷连接，平巷断面尺寸一般为2 m×2.5 m；整个平巷—硐室—辐射孔结构体系位于河床之下的地层之中，而竖井则位于河岸边，竖井一般净径3～5 m，通过平巷与该结构体系相连，竖井即为渗流井的取水点，

2. 渗流井的井流特征

渗流井工作时，在"井—含水层"系统中为多种流态并存。在含水层介质中地下水流动形态一般为低雷诺数（$Re < 1 \sim 10$）的层流，其中渗流的水头损失与渗流速度呈线性关系，符合达西定律。而在"平巷—

硐室—辐射管"("井管")中，其水力半径较大，水流的雷诺数一般较大，因而其中的水流一般为紊流，水流的水头损失与平均流速间的关系可能为 1 次方（层流区）、1.75 次方（光滑紊流区）或 2 次方（紊流区）。

在抽水初期时，渗流井取水量主要由"井—含水层"系统中储存量的减少量组成。当"井—含水层"系统中的水头低于河流水位时，河流开始渗漏补给地下水，随着抽水时间的延续，河流渗漏补给量在渗流井取水量中占的比重逐渐增加；当抽水强度不太大、渗流井工作能达到稳定状态时，渗流井取水量全部由河流渗漏补给量组成（不考虑渗流井对地下水侧向径流量的截取）。在整个"井—含水层"系统中，地下水由渗流井周围向渗流井径流，水流具有显著的三维流特征，由于在"井管"中有水的流动，存在水头损失，则这些部位不是等水头边界条件；同时由于渗流井的出口在竖井处，这里水头最低，且在辐射孔、平巷、硐室内也不是等强度分布，其水力条件复杂。

渗流井的优点是：既可以充分截取地下水的潜流，激发地表水的补给，又不用增设人工滤层，而且水质好，维护方便，运行成本低；采用天然滤床渗流井开采地下水不会产生大面积"降落漏斗"。

三、地下水水源地的选择

地下水资源的开发利用首先要选择好合适的地下水水源地，因为水源地位置选择的正确与否，不仅关系到对水源地建设的投资，而且关系到是否能保证其长期经济和安全地运转，以及避免由此产生各种不良的地质环境问题。对于大中型集中供水方式，水源地选择的关键是确定取水地段的位置与范围；对于小型分散供水方式，则是确定水井的井位。

（一）集中式供水水源地的选择

在选择集中供水水源地的位置时，既要充分考虑其能否满足长期持续稳定开采的需水要求，也要考虑其地质环境和利用条件。

1. 水源地的水文地质条件

取水地段含水层的富水性与补给条件是地下水水源地的首选条件。

首先从富水性角度考虑，水源地应选在含水层透水性强、厚度大、层数多、分布面积广的地段上。例如，冲洪积扇中、上游的砂砾石带和轴部；河流的冲积阶地和高漫滩；冲积平原的古河床；裂隙或岩溶发育、厚度较大的层状或似层状基岩含水层；规模较大的含水断裂构造及其他脉状基岩含水带。在此基础上，进一步考虑其补给条件。取水地段应有良好的汇水条件，可以最大限度地拦截、汇集区域地下径流，或者接近地下水的集中补给、排泄区。例如，区域性阻水界面的迎水一侧；基岩蓄水构造的背斜倾末端、浅埋向斜的核部；松散岩层分布区的沿河岸边地段；岩溶地区和地下水主径流带；毗邻排泄区上游的汇水地段等。

2. 水源地的环境影响因素

新建水源地应远离原有的取水点或排水点，减少相互干扰。为保证地下水的水质，水源地应选在远离城市或工矿排污区的上游；远离已污染（或天然水质不良）的地表水体或含水层的地段；避开易于使水井淤塞、涌砂或水质长期混浊的沉砂层和岩溶充填带；在滨海地区，应考虑海水入侵对水质的不良影响；为减少垂向污水入渗的可能性，最好选在含水层上部有稳定隔水层分布的地段。此外，水源地应选在不易引发地面沉降、塌陷、地裂等有害地质作用的地段。

3. 水源地的经济、安全性和扩建前景

在满足水量、水质要求的前提下，为节省建设投资，水源地应靠近用户、少占耕地；为降低取水成本，应选在地下水浅埋或自流地段；河谷水源地要考虑水井的淹没问题；人工开挖的大口井取水工程，要考虑井壁的稳固性。当有多个水源地方案可供比较时，未来扩大开采的前景条件也是必须考虑的因素之一。在这种情况下，如果不适宜选择集中式供水方式，可以考虑选择小型分散式水源地。

（二）小型分散式水源地的选择

集中式供水水源地的选择原则，对于基岩山区裂隙水小型水源地的选择，也是适合的。但在基岩山区，由于地下水分布极不均匀，水井布置还要取决于强含水裂隙带及强岩溶发育带的分布位置。此外，布井地段的地下水水位埋深及上游有无较大的汇水补给面积也是必须考虑的条件。在这种情况下，如果不适宜选择集中式供水方式，可以考虑选择小型分散式水源地。

第六章

水资源可持续利用与保护

第一节 水资源可持续利用基础认知

一、可持续发展理论

可持续发展强调三个主题：代际公平、区际公平以及社会经济发展与人口、资源、环境间的协调性。在可持续发展理论的指导下，资源的可持续利用，人与环境的协调发展取代了以前片面追求经济增长的发展观念。可持续发展是一种关于自然界和人类社会发展的哲学观，可作为水资源承载力研究的指导思想和理论基础，而水资源承载力研究则是可持续发展理论在水资源管理领域的具体体现和应用。

（一）可持续发展理论的提出

可持续发展是在全球面临着经济、社会、环境三大问题的情况下，人类因对自身的生产、生活行为的反思以及对现实与未来的忧患而提出的全新的人类发展观，它的产生有其深刻的历史背景和迫切的现实需要。20 世纪中期以来，随着科学技术突飞猛进地发展，人类已经生活在一个大变革、大动荡的世界里，由于人口的急剧增长，导致了人口与经济、人口与资源矛盾的日益突出，人类为了满足自身的需求，在缺乏有效的保护措施的情况下，大量地开采和使用自然资源，使资源耗竭严重、生态环境恶化，威胁了人类的生存和发展。面对着人口、资源和环境等人类发展历史上前所未有的世界性问题，谋求人与自然和谐相处、协调发展的新的发展模式成为当务之急，可持续发展思想形成有其必然性。

（二）可持续发展的原则及内涵

1. 可持续发展的原则

（1）可持续发展的公平性原则

所谓的公平性是指选择机会的平等性。这里的公平具有两方面的含义：一方面是指代际公平性，即世代之间的纵向公平性；另一方面是指同代人之间的横向公平性。可持续发展不仅要实现当代人之间的公平，而且也要实现当代人与未来各代人之间的公平。这是可持续发展与传统发展模式的根本区别之一。公平性在传统发展模式中没有得到足够重视。从伦理上讲，未来各代人应与当代人有同样的权利来提出他们对资源与环境的需求。可持续发展要求当代人在考虑自己需求与消费的同时，也要对未来各代人的需求与消费负责任，因为同后代人相比，当代人在资源开发和利用方面处于一种无竞争的主宰地位。各代人之间的公平要求任何一代都不能处于支配的地位，即各代人都应有同样选择的机会空间。

（2）可持续发展的可持续性原则

这里的可持续性是指生态系统受到某种干扰时能保持其生产率的能力。资源环境是人类生存与发展的基础和条件，离开了资源环境，人类的生存与发展就无从谈起。资源的持续利用和生态系统的可持续性的保持是人类社会可持续发展的首要条件。可持续发展要求人们根据可持续性的条件调整自己的生活方式，在生态可能的范围内确定自己的消耗标准。可持续性原则从某一个侧面反映了可持续发展的公平性原则。

（3）可持续发展的和谐性原则

可持续发展不仅强调公平性，同时也要求具有和谐性。从广义上说，可持续发展战略就是要促进人类之间及人类与自然之间的和谐，如果每个人在考虑和安排自己的行动时，都能考虑这一行动对其他人（包括后代人）及生态环境的影响，并能真诚地按"和谐共赢"原则行事，那么人类与自然之间就能保持一种互惠共生的关系，也只有这样，可持续发展才能实现。

（4）可持续发展的需求性原则

传统发展模式以传统经济学为支柱，所追求的目标是经济的增长，它忽视了资源的有限性，立足于市场而发展生产。这种发展模式不但使世界资源环境承受的压力不断增加，而且人类所需要的一些基本物质仍然不能得到满足。而可持续发展则坚持公平性和长期的可持续性，立足于人的需求而发展人，强调人的需求而不是市场商品。可持续发展是要满足所有人的基本需求，向所有的人提供实现美好生活愿望的机会。

人类需求是由社会和文化条件所确定的，是主观因素和客观因素相互作用、共同决定的结果，与人的价值观和动机有关。首先，人类需求是一种系统，这一系统是人类的各种需求相互联系、相互作用而形成的一个统一整体。其次，人类需求是一个动态变化过程，在不同时期和不同文化阶段，旧的需求系统将不断地被新的需求系统所代替。

（5）可持续发展的高效性原则

可持续发展的公平性原则、可持续性原则、和谐性原则和需求性原则实际上已经隐含了高效性原则。事实上，前四项原则已经构成了可持续发展高效性的基础。不同于传统经济学，这里的高效性不仅是根据其经济生产率来衡量，更重要的是根据人们的基本需求得到满足的程度来衡量，是人类整体发展的综合和总体的高效。

（6）可持续发展的阶跃性原则

可持续发展是以满足当代人和未来各代人的需求为目标，而随着时间的推移和社会的不断发展，人类的需求内容和层次将不断增加和提升，所以可持续发展本身隐含着不断地从较低层次向较高层次的阶跃性过程。

2．可持续发展的内涵

可持续发展是一个包含经济学、生态学、人口科学、资源科学、人文科学、系统科学在内的边缘性科学，不同的研究者从不同的角度形成不同的定义。这些定义虽然从不同角度对可持续发展的概念与内涵进行补充与扩展，但本质上基本一致，即可持续发展的定义为：能满足当代的需要，同时不损及未来世代满足其需要之发展。这一定义既体现了可持续发展的根本思想，又消除了不同学科间的分歧，故得到了广泛的认同。可持续发展的内涵包括以下几个方面。

（1）可持续发展要以保护自然资源和生态环境为基础，与资源、环境的承载力相协调。可持续发展认为发展与环境是一个有机整体。可持续发展把环境保护作为最基本的追求目标之一，也是衡量发展质量、发展水平和发展程度的客观标准之一。

（2）经济发展是实现可持续的条件。可持续发展鼓励经济增长，但要求在实现经济增长的方式上，应放弃传统的高消耗、高污染、高增长的粗放型方式，要追求经济增长的质量，提高经济效益。同时，要实施清洁生产，尽可能地减少对环境的污染。

（3）可持续发展要以改善和提高人类生活质量为目标，与社会进步相适应。世界各国发展的阶段不同、目标不同，但它们的发展内涵均应包括改善人类的生活质量。

（4）可持续发展承认并要求体现出环境资源的价值。环境资源的价值不仅表现环境对经济系统的支撑，而且还体现在环境对生命支撑系统不可缺少的存在价值上。

（三）可持续发展理论的主要内容

1. 发展是可持续发展的核心

发展是可持续发展的核心，发展是可持续发展的前提。可持续发展的内涵是能动地调控自然—社会—经济复合系统，使人类在不超越环境承载力的条件下发展经济，保持资源承载力和提高生产质量。发展不限于增长，持续不是停滞，持续依赖发展，发展才能持续。贫困与落后是造成资源与环境破坏的基本原因，是不可持续的。只有发展经济，采用先进的生产设备和工艺，降低能耗、成本，提高经济效益，增强经济实力，才有可能消除贫困；只有提高科学技术水平，为防治环境污染提供必要的资金和设备，才能为改善环境质量提供保障。因此，没有经济的发展和科学技术的进步，环境保护也就失去了物质基础。经济发展是保护生态系统和环境的前提条件。只有以强大的物质基础和技术为支撑，才能使环境保护和经济发展相协调。

2. 全人类的共同努力是实现可持续发展的关键

人类共同居住在一个地球上，是一个相互联系、相互依存的整体，没有哪一个国家能脱离世界市场达到全部自给自足。当前世界上的许多资源与环境问题已超越国家和地区界限，并为全球所关注。因此，要达到全球的持续发展需要全人类的共同努力，必须建立起巩固的国际秩序和合作关系。对于发展中国家来说，发展经济、消除贫困是当前的首要任务，国际社会应该给予帮助和支持。保护环境、珍惜资源是全人类的共同任务，经济发达的国家负有更大的责任。对于全球的公物，如大气、海洋和其他生态系统，要在统一目标的前提下进行管理。

3. 公平性是实现可持续发展的尺度

可持续发展主张人与人之间、国家与国家之间应该互相尊重、互相平等。一个社会或团体的发展不应以牺牲另一个社会或团体的利益为代价。可持续发展的公平思想包含如下三个方面。

（1）当代人之间的公平

两极分化的世界是不可能实现可持续发展的，因此，要给世界以公平的分配和公平的发展权，要把消除贫困作为可持续发展过程中特别优先考虑的问题。

（2）代与代之间的公平

因为资源是有限的，要给世世代代人以公平利用自然资源的权利，不能因为当代人的发展与需求而损害子孙后代满足其需要的条件。

（3）有限资源的公平分配

各国拥有开发本国自然资源的主权，同时负有不使其自身活动危害其他地区的义务。发达国家在利用地球资源上占有明显的优势，这种由来已久的优势对发展中国家的发展长期起着抑制作用，这种局面必须尽快转变。

4. 社会的广泛参与是可持续发展实现的保证

可持续发展作为一种思想、观念，一个行动纲领，使管理者在决策过程中自觉地把可持续发展思想与环境、发展紧密结合起来。社会发展工作主要依靠广大群众和群众组织来完成，要充分了解群众意见和要求，动员广大群众参加到可持续发展工作的全过程中来。

5. 生态文明是实现可持续发展的目标

如果说农业文明为人类生产了粮食，工业文明为人类创造了财富，那么生态文明将为人类建设一个美好的环境。也就是说，生态文明主张人与自然和谐共生——人类不能超越生态系统的承载能力，不能损害支持地球生命的自然系统。中国现代化建设是以经济建设为中心，但必须以生态文明为取向，在生态文明意义上解放生产力和发展生产力。解放生产力就是要推行体制创新，发展生产力就是要大力推进科学技术进步，尤其是新能源开发和环境保护技术的进步。

6. 可持续发展的实施以适宜的政策和法律体系为条件

可持续发展的实施强调"综合决策"和"公众参与"，提倡依据全面的信息、科学的原则来制定政策并予以实施。可持续发展的原则要纳入经济发展、人口、环境、资源、社会保障等各项立法及重大决策之中。

总之，可持续发展理论的内涵十分丰富，涉及社会、经济、人口、资源、环境、科技、教育等诸多方面，其实质是要处理好人口、资源、环境与经济协调发展关系；其根本目的是满足人类日益增长的物质和文化生活的需求，不断提高人类的生活水平；其核心问题是有效管理好自然资源，为经济发展提供持续的支撑力。

二、水资源与经济社会可持续发展的关系

(一) 水资源是经济社会可持续发展的重要条件

人类社会发展离不开水资源，水资源是人类生存发展的基础条件，也是社会生产力的重要因素；它既是现代化工业生产的基础，也是现代化经济活动的保障。水资源在经济社会发展中占有重要的地位，而且对经济社会的可持续发展有着重要意义。

(二) 水资源对工农业经济和发展起着决定性的影响作用

一个国家或地区的工业发展离不开水资源，选厂址时必须考虑水资源的承载力，若在干旱和半干旱地区建设工厂，水资源就是重要的限制

条件，因此，工业一般都布局在河流附近或地下水丰富的地方。随着经济的迅速发展，工业产值在不断增加，用水量也日趋加大，水资源对工业发展的影响作用就更加密切。

水资源对农业生产的影响尤其深刻，农业布局对水资源条件特别敏感。农作物和动物本身是自然界的一部分，它们离不开水资源。水是农业的命脉，对农业生产起着决定性的作用。

（三）水资源量的多少及其利用情况是经济社会可持续发展的主要因素

富在水，穷也在水。水资源承载能力强弱是地区贫富的主要因素。少雨缺水的区域经济发展缓慢，丰水区域经济发展速度较快，工农业比较发达。例如，我国的东南沿海地区水资源丰富，经济发展速度较快；相反，西部干旱少雨，工农业生产较落后。

（四）水资源的开发利用影响着经济社会可持续发展

一方面，水资源量的多少与开发利用情况制约着经济社会的发展；另一方面，人们通过开发，对水量进行补偿，提高水的利用率与效益，增强经济实力，同样也可以在缺水的地区取得富水地区的相应产量与产值。因此，合理开发利用水资源有利于经济社会的可持续发展。

（五）经济社会发展不能违反水资源规律

人类社会作为自然生态环境的一部分，离不开水资源。唯有水资源提供了必要的物质条件，经济社会的可持续发展才能实现。人类在开发利用水资源时，只能在水资源环境条件许可的范围内开发利用水资源，违背了自然规律，必然受到水资源规律的惩罚，并制约着经济社会的可持续发展。

三、水资源可持续利用

（一）水资源可持续利用的内涵

水资源可持续利用，即一定空间范围水资源既能满足当代人的需要，对后代人满足其需求能力又不构成危害的资源利用方式。

可持续发展的观点是 20 世纪 80 年代在寻求解决环境与发展矛盾的出路中提出的，并在可再生的自然资源领域相应提出可持续利用问题，其基本思路是在自然资源的开发中，注意因开发所致的不利于环境的副作用和预期取得的社会效益相平衡。在水资源的开发与利用中，为保持这种平衡就应遵守供饮用的水源和土地生产力得到保护的原则，保护生物多样性不受干扰或生态系统平衡发展的原则，对可更新的淡水资源不可过量开发使用和污染的原则。因此，在水资源的开发利用活动中，绝对不能损害地球上的生命支持系统和生态系统，必须保证为社会和经济可持续发展合理供应所需的水资源，满足各行各业用水要求并持续供水。此外，水在自然界循环过程中会受到干扰，应注意研究对策，使这种干扰不致影响水资源的可持续利用。

为确保水资源的可持续利用，在进行水资源规划和水利工程设计时应使建立的工程系统体现如下特点：天然水源不因其被开发利用而造成水源逐渐衰竭；水利工程系统能较持久地保持其设计功能，因自然老化导致的功能减退能有后续的补救措施；对某范围内水供需问题能随工程供水能力的增加及合理用水、需水管理、节水措施的配合，较长期地保持相互协调的状态；因供水及相应水量的增加而致废污水排放量的增加，需相应增加处理废污水能力的工程措施，以维持水源的可持续利用效能。

(二) 水资源可持续利用的理论基础

1. 水资源与经济的关系

水资源是利用最广泛的自然资源，对于绝大多数经济活动而言，水是最重要的投入要素之一。水资源是国民经济快速健康发展的"瓶颈"，所以水资源的短缺常造成巨大的经济损失。用水量和经济水平呈现正的强相关，即水资源的消耗量随着经济收入的增加而增加，当经济发展到较高的水平，用水效率提高，水资源的消耗量不再随着经济产值的增大而增加，甚至可能随着节水技术水平的提高和经济结构的转变而呈现与经济水平负相关。需要指出的是，一个区域的水资源消耗总量不仅与经济水平有关，还与水资源人均占有量和开发利用程度、节水水平等有着极其密切的关系。

2．水资源与环境的关系

水资源与环境的关系一方面表现在排放的污水对环境造成的污染，另一方面表现在因水资源量的缺乏和质的破坏而造成的严重的生态负效应。除了农业用水、工业用水、城市生活用水等重要基础项目外，生态环境用水成为引人注目的用水项目。

从广义上来讲，生态用水是指维持全球生态系统水分平衡所需用的水，水热平衡、生物平衡、水沙平衡、水盐平衡等所需用的水都是生态用水。生态用水缺乏造成的负面效应包括：①加大地下水开采力度，加剧了超采地区的地下水位下降和地沉问题，甚至影响了地下水的水质；②不得不用污染水（未经处理）来灌溉，加重了对农作物的污染，从而影响了人体的健康；③河道干枯，季节性甚至常年无水，一些湖泊湿地缩小或干涸，入海径流减少，使原来的水环境和水生生态系统发生了较大的变化，并向恶化的方向发展；④由于地下水位的下降使土壤盐碱度加剧，影响了农作物的良好生长；⑤有的地方因为干旱缺水出现了干化和沙化，加剧了沙漠化的发展和沙尘暴的产生；⑥由于地下水超采，造成河道堤防下沉，又使风暴潮灾害加剧等。国际上许多水资源和环境专家认为，考虑到生态与环境保护和生物多样性的要求，从水资源合理配置的角度上来看，一个国家的水资源开发利用率达到或超过30％时，人类与自然的和谐关系将会遭到严重破坏，所以在高强度开发利用水资源时，一定要格外谨慎。

在社会可持续发展的历史背景下，必然延伸出人类社会构成因素的可持续发展问题，诸如土地资源可持续发展、矿产资源可持续发展、海洋资源可持续发展、森林资源可持续发展、水资源可持续发展等研究问题。社会可持续发展离不开这些资源的可持续发展问题，也就是说，没有这些资源的可持续发展，社会可持续发展是不可能的。水资源的可持续利用是水资源在可持续发展理论的要求下，既要满足当代人使用水资源的需求，又不对后代人满足水资源需要的能力构成危害。它是社会可持续发展理论在水资源领域的具体应用，是社会可持续发展的细化，也是社会可持续发展的重要组成部分，没有水资源的可持续发展就没有社会可持续发展。水资源的可持续利用与社会可持续发展是局部与整体的关系。

四、水资源可持续利用评价

水资源可持续利用指标体系及评价方法是目前水资源可持续利用研究的核心，是进行区域水资源宏观调控的主要依据。

（一）水资源可持续利用指标体系

1. 水资源可持续利用指标体系

水资源可持续利用是一个反映区域水资源状况（包括水质、水量、时空变化等），开发利用程度，水资源工程状况，区域社会、经济、环境与水资源协调发展，近期与远期不同水平年对水资源分配竞争，地区之间、城市与农村之间水资源的受益差异等多目标的决策问题。根据可持续发展与水资源可持续利用的思想，水资源可持续利用指标体系应包括以下方面。

（1）基本原则

区域水资源可持续利用指标体系的建立，应该根据区域水资源特点，考虑到区域社会经济发展的不平衡、水资源开发利用程度及当地科技文化水平的差异等，在借鉴国际上对资源可持续利用的基础上，以科学、实用、简明的选取原则，具体考虑以下五个方面：

①全面性和概括性相结合。区域水资源可持续利用系统是一个复杂的复合系统，它具有深刻而丰富的内涵，要求建立的指标体系具有足够的涵盖面，全面反映区域水资源可持续利用内涵，但同时又要求指标简洁、精练，因为要实现指标体系的全面性就极容易造成指标体系之间的

信息重叠，从而影响评价结果的精度。为此，应尽可能地选择综合性强、覆盖面广的指标，避免选择过于具体详细的指标，同时，应考虑地区特点，抓住主要的、关键性指标。

②系统性和层次性相结合。区域以水为主导因素的水资源—社会—经济—环境这一复合系统的内部结构非常复杂，各个系统之间相互影响，相互制约。因此，要求建立的指标体系层次分明，具有系统化和条理化，将复杂的问题用简明扼要的、层次感较强的指标体系表达出来，充分展示区域水资源可持续利用复合系统可持续发展状况。

③可行性与可操作性相结合。建立的指标体系往往在理论上反映较好，但实践性却不强。因此，在选择指标时，不能脱离指标相关资料信息条件的实际，要考虑指标的数据资料来源，即选择的每一项指标不但要有代表性，而且应尽可能选用目前统计制度中所包含或通过努力可能达到的指标，对于那些未纳入现行统计制度、数据获得不是很直接的指标，只要它是进行可持续利用评价所必需的，也可将其选择作为建议指标，或者可以选择与其代表意义相近的指标作为代替。

④可比性与灵活性相结合。为了便于区域在纵向上或者区域与其他区域在横向上比较，要求指标的选取和计算采用国内外通行口径，同时，指标的选取应具备灵活性，水资源、社会、经济、环境具有明显的时空属性，不同的自然条件、不同的社会经济发展水平、不同的文化背景，导致各个区域对水资源的开发利用和管理都具有不同的侧重点和出发点。指标因地区不同而存在差异，因此，指标体系应具有灵活性，可根据各地区的具体情况进行相应调整。

⑤问题的导向性。指标体系的设置和评价的实施，目的在于引导被评估对象走向可持续发展的目标，因而水资源可持续利用指标应能够体现人、水、自然环境相互作用的各种重要原因和后果，从而为决策者有针对性地适时调整水资源管理政策提供支持。

（2）理论与方法

借助系统理论、系统协调原理，以水资源、社会、经济、生态、环境、非线性理论、系统分析与评价、现代管理理论与技术等领域的知识为基础，以计算机仿真模拟为工具，采用定性与定量相结合的综合集成方法，研究水资源可持续利用指标体系。

（3）评价与标准

水资源可持续利用指标的评价标准可采用 Bossel 分级制与标准进行评价，将指标分为四个级别，并按相对值 0～4 划分。其中，0～1 为不可接受级，即指标中任何一个指标值小于 1 时，表示该指标所代表的水资源状况十分不利于可持续利用，为不可接受级；1～2 为危险级，即指标中任何一个值在 1～2 时，表示它对可持续利用构成威胁；2～3 为良好级，表示有利于可持续利用；3～4 为优秀级，表示十分有利于可持续利用。

①水资源可持续利用的现状指标体系

现状指标体系分为两大类：基本定向指标和可测指标。

基本定向指标是一组用于确定可持续利用方向的指标，是反映可持续性最基本而又不能直接获得的指标。基本定向指标可选择生存、能效、自由、安全、适应和共存六个指标。

生存表示系统与正常环境状况相协调并能在其中生存与发展。能效表示系统能在长期平衡基础上通过有效的努力使稀缺的水资源供给安全可靠，并能消除其对环境的不利影响。自由表示系统具有能力在一定范围内灵活地应付环境变化引起的各种挑战，以保障社会经济的可持续发展。安全表示系统必须能够使自己免受环境易变性的影响，使其可持续发展。适应表示系统应能通过自适应和自组织更好地适应环境改变的挑战，使系统在改变了的环境中持续发展。共存是指系统必须有能力调整其自身行为，考虑其他子系统和周围环境的行为、利益，并与之和谐发展。

可测指标即可持续利用的量化指标，按社会、经济、环境三个子系统划分，各子系统中的可测指标由系统本身有关指标及其可持续利用涉及的主要水资源指标构成，这些指标又进一步分为驱动力指标、状态指标和响应指标。

②水资源可持续利用指标趋势的动态模型

应用预测技术分析水资源可持续利用指标的动态变化特点，建立适宜的水资源可持续利用指标动态模拟模型和动态指标体系，通过计算机仿真进行预测。根据动态数据的特点，模型主要包括统计模型、时间序列（随机）模型、人工神经网络模型（主要是模糊人工神经网络模型）和混沌模型。

③水资源可持续利用指标的稳定性分析

由于水资源可持续利用系统是一个复杂的非线性系统，在不同区域内，应用非线性理论研究水资源可持续利用系统的作用、机理和外界扰动对系统的敏感性。

④水资源可持续的综合评价

根据上述水资源可持续利用的现状指标体系评价、水资源可持续利用指标趋势的动态模型和水资源可持续利用指标的稳定性分析，应用不确定性分析理论，进行水资源可持续的综合评价。

2. 水资源可持续利用指标体系研究进展

（1）水资源可持续利用指标体系的建立方法

现有指标体系建立的方法基本上是基于可持续利用的研究思路，归纳起来包括以下几点。

①系统发展协调度模型指标体系由系统指标和协调度指标构成。系统可概括为社会、经济、资源、环境组成的复合系统。协调度指标则是建立区域人—地相互作用和潜力三维指标体系，通过这一潜力空间来综合测度可持续发展水平和水资源可持续利用评价。

②资源价值论应用经济学价值观点，选用资源实物变化率、资源价值（或人均资源价值）变化率和资源价值消耗率变化等指标进行评价。

③系统层次法基于系统分析法，指标体系由目标层和准则层构成。目标层即水资源可持续利用的目标，目标层下可建立一个或数个较为具体的分目标，即准则层。准则层则由更为具体的指标组成，应用系统综合评判方法进行评价。

④压力—状态—反应（Pressure-State-Response，PSR）结构模型由压力、状态和反应指标组成。压力指标用以表征造成发展不可持续的人类活动和消费模式或经济系统的一些因素，状态指标用以表征可持续发展过程中的系统状态，响应指标用以表征人类为促进可持续发展进程所采取的对策。

⑤生态足迹分析法是一组基于土地面积的量化指标对可持续发展的度量方法，它采用生态生产性土地为各类自然资本统一度量基础。

⑥归纳法首先把众多指标进行归类，再从不同类别中抽取若干指标构建指标体系。

⑦不确定性指标模型认为水资源可持续利用概念具有模糊、灰色特性。应用模糊、灰色识别理论、模型和方法进行系统评价。

⑧区间可拓评价方法将待评指标的量值、评价标准均以区间表示，应用区间与区间之距概念和方法进行评价。

⑨状态空间度量方法以水资源系统中人类活动、资源、环境为三维向量表示承载状态点，状态空间中由不同资源、环境、人类活动组合形成的区域承载力点，构成区域承载力曲面。

⑩系统预警方法中的预警是水资源可持续利用过程中偏离状态的警告，它既是一种分析评价方法，又是一种对水资源可持续利用过程进行监测的手段。预警模型由社会经济子系统和水资源环境子系统组成。

⑪属性细分理论系统就是将系统首先进行分解，并进行系统的属性划分，根据系统的细分化指导寻找指标来反映系统的基本属性，最后确定各子系统属性对系统属性的贡献。

（2）水资源可持续利用评价的基本程序

基本程序包括：建立水资源可持续利用的评价指标体系；确定指标的评价标准；确定性评价；收集资料；指标值计算与规格化处理；评价计算；根据评价结果，提出评价分析意见。

因此，为了准确评定水资源配置方案的科学性，必须建立能评价和衡量各种配置方案的统一尺度，即评价指标体系。评价指标体系是综合评价的基础，指标确定是否合理对后续的评价工作有着极大影响。可见，建立科学、客观、合理的评价指标体系，是水资源配置方案评价的关键。

（3）水资源可持续利用指标体系的分类

①按复合系统子系统划分

A. 自然生态指标：水资源总量、水资源质量指标、水文特征值的稳定性指标、水利特征值指标、水源涵养指标、污水排放总量、污水净化能力、海水利用量。

B. 经济指标：工业产值耗水指标、农业产值耗水指标、第三产业耗水指标、水价格。

C. 社会指标：城市居民生活用水动态指标，农村人畜用水动态指标，环境用水动态指标，技术因素、政策因素对水资源利用的影响。

②按水资源系统特性划分

A. 水资源可供给性：产水系数、产水模数、人均水量、地均水量、水质状况。

B. 水资源利用程度及管理水平：工业用水利用率、农业用水利用率、灌溉率、重复用水率、水资源供水率。

C. 水资源综合效益：单位水资源量的工业产值、单位水资源量的农业产值。

③按指标的结构划分

A. 综合性指标体系：由反映社会、经济、资源、环境的多项指标综合而成。

B. 层次结构指标体系：由一系列指标组成指标群，在结构上表现为一定的层次结构。

C. 矩阵结构指标体系：近年来可持续发展指标体系建立的新思路，其特点是在结构上表现为交叉的二维结构。

④按指标体系建立的途径划分

A．统计指标：以统计途径获得的指标。

B．理论解析模型指标：通过模型求解获得的指标。

⑤按指标体系的量纲划分

A．有量纲指标：具有度量单位的指标，如用水量，其度量单位可用亿立方米或万立方米表示。

B．无量纲指标：没有度量单位的指标，如以百分率或比值表示的指标。

⑥按可持续观点划分

A．外延指标：分为自然资源存量、固定资产存量。

B．内在指标：由外延指标派生出来的指标，分为时间函数（即速率）、状态函数两种。

⑦描述性指标和评估性指标

A．描述性指标：以各因素基础数据为主的指标。

B．评估性指标：经过计算加工后的指标，实际中多用相对值表示。

⑧按评价指标货币属性划分

A．货币评价指标：能够按货币估值的指标。

B．非货币评价指标：不能够按货币估值的指标，如用水公平性。

⑨按认识论和方法论分析划分

A．经济学方法指标：按自然资源、环境核算建立的指标。

B．生态学方法指标：以生态状态为主要指标，主要包括能值分析和最低安全标准指标。

C．统计学指标：把水资源可持续利用看作一个多层次、多领域的决策问题，指标结构为多维、多层次。

⑩按评价指标考虑因素的范围划分

A．单一性指标：侧重于描述一系列因素的基本情况，以指标大型列表或菜单表示。

B. 专题性指标：选择有代表性专题领域，制订出相应的指标。

C. 系统化指标：在一个确定的研究框架内，为了综合和集成大量的相关信息，制订出的具有明确含义的指标。

3. 水资源可持续利用指标研究存在的问题

水资源可持续利用是在可持续发展概念下产生的一种全新发展模式，其内涵十分丰富，具有复杂性、广泛性、动态性和地域特殊性等特点。不同国家、不同地区、不同人、不同发展水平和条件对其理解有所差异，水资源可持续利用实施的内容和途径必然存在一定的差异。因此，水资源可持续利用研究的难度非常大。

建立一套有效的水资源可持续利用评价指标体系是一项复杂的系统工程，目前仍未形成一套公认的、应用效果很好的指标体系，其研究存在以下问题。

（1）指标尺度

水资源可持续利用体系始于宏观尺度内的国际或国家水资源可持续利用研究，从研究内容来看，宏观尺度内的流域、地区的水资源可持续利用指标体系研究相对较少。

（2）指标特性

目前，应用较多的指标体系为综合指标体系、层次结构体系和矩阵结构指标体系。综合性指标体系依赖于国民经济核算体系的发展和完善，只能反映区域水资源可持续利用的总体水平，无法判断区域水资源可持续利用的差异。这些指标只适用于大范围的研究区域（如国家乃至全球），对区域水资源可持续利用评价并无多大的实用价值。层次结构指标体系在持续性、协调性研究上具有较大的难度，要求基础数据较多，缺乏统一的设计原则。矩阵结构指标体系包含的指标数目十分庞大、分散，所使用的"压力""状态"指标较难界定。

（3）指标的可操作性

现有水资源可持续利用在反映不同地区、不同水资源条件、不同社会经济发展水平、不同种族和文化背景等方面具有一定的局限性。

（4）评价的主要内容

现有指标基本上限于水资源可持续利用的现状评价，缺乏指标体系的趋势、稳定性和综合评价。因此，与反映水资源可持续利用的时间和空间特征仍有一定的距离。

（5）权值

确定水资源可持续利用评价的许多方法，如综合评价法、模糊评价法等含有权值确定问题。权值确定可分为主观赋权法和客观赋权法。主观赋权法更多地依赖于专家知识、经验。客观赋权法则通过调查数据计算、指标的统计性质确定。权值确定往往决定评价结果，但是目前还没有一个很好的方法。

（6）定性指标的量化

在实际应用中，定性指标常常结合多种方法进行量化，但由于水资源可持续利用本身的复杂性，其量化仍是目前一个难度较大的问题，因此定性指标的量化方法有待于进一步深入研究。

（7）指标评价标准和评价方法

现有的水资源可持续利用指标评价标准和评价方法各具特色，在实际水资源可持续评价中，有时会出现较大差异，其原因是水资源可持续利用是一个复杂的巨系统，现有指标评价标准和评价方法基于的观点和研究的重点有所差异。如何选取理想的指标评价标准和评价方法，目前没有公认的标准和方法。

综合评分法能否恰当地体现各子系统之间的本质联系和水资源可持续利用思想的内涵还值得商榷，应用主观评价法确定指标权重，其科学性也值得怀疑，目前最大的难点在于难以解决指标体系中指标的重复问题。多元统计法中的主成分分析、因子分析为解决指标的重复提供了可能。因子分析由于求解不具有唯一性，在选择评价问题的适合解时，采用选择的适合标准，目前还有各种不同的看法。模糊评判与灰色法为评价主观、定性指标提供了可能，但其受到指标量化和计算选择方法的限制。协调度是使用一组微分方程来表示系统的演化过程，虽然协同的支配原理表明，系统的状态变量按其临界行为可分为慢变量和快变量。根据非平衡相变的最大信息熵原理，可以简化模型的维数，但是快变量和慢变量的数目确定没有理论上的证明，因而仅停留在利用协同原理解释和研究大量复杂系统的演化过程。另外，对于发展度、资源环境承载力、环境容量以及可持续利用的结构函数尚需进一步探讨。

（二）水资源可持续利用评价方法

水资源开发利用保护是一项十分复杂的活动，至今未有一套相对完整、简单而又为大多数人所接受的评价指标体系和评价方法。一般认为指标体系要能体现所评价对象在时间尺度的可持续性、空间尺度上的相对平衡性、对社会分配方面的公平性、对水资源的控制能力、对与水有关的生态环境质量的特异性，具有预测和综合能力，并相对易于采集数据与应用。

水资源可持续利用评价包括水资源基础评价、水资源开发利用评价、与水相关的生态环境质量评价、水资源合理配置评价、水资源承载能力评价以及水资源管理评价六个方面。水资源基础评价突出资源本身的状况及其对开发利用保护而言所具有的特点；开发利用评价则侧重于开发利用程度、供水水源结构、用水结构、开发利用工程状况和缺水状况等方面；与水有关的生态环境质量评价要能反映天然生态与人工生态的相对变化、河湖水体的变化趋势、土地沙化与水土流失状况、用水不当导致的耕地盐渍化状况以及水体污染状况等；水资源合理配置评价不是侧重于开发利用活动本身，而是侧重于开发利用对可持续发展目标的影响，主要包括水资源配置方案的经济合理性、生态环境合理性、社会分配合理性以及三方面的协调程度，同时还要反映开发利用活动对水文循环的影响程度、开发利用本身的经济代价及生态代价，以及所开发利用水资源的总体使用效率；水资源承载能力评价要反映极限性、被承载发展模式的多样性和动态性，以及从现状到极限的潜力等；水资源管理评价包括需水、供水、水质、法规、机构五方面的管理状态。

水资源可持续利用评价指标体系是区域与国家可持续发展指标体系的重要组成部分，也是综合国力中资源部分的重要环节。为此，对水资源可持续利用进行评价具有重要意义。

1. 水资源可持续利用评价的含义

水资源可持续利用评价是按照现行的水资源利用方式、水平、管理与政策对其能否满足社会经济持续发展所要求的水资源可持续利用作出的评估。

进行水资源可持续利用评价的目的在于认清水资源利用现状和存在问题，调整其利用方式与水平，实施有利于可持续利用的水资源管理政策，有助于国家和地区社会经济可持续发展战略目标的实现。

2. 水资源可持续利用指标体系的评价方法

综合许多文献，目前，水资源可持续利用指标体系的评价方法主要有以下几种。

（1）综合评分法

其基本方法是通过建立若干层次的指标体系，采用聚类分析、判别分析和主观权重确定的方法，最后给出评判结果。它的特点是方法直观，计算简单。

（2）不确定性评判法

主要包括模糊与灰色评判。模糊评判采用模糊联系合成原理进行综合评价，多以多级模糊综合评价方法为主。该方法的特点是能够将定性、定量指标进行量化。

（3）多元统计法

主要包括主成分分析和因子分析法。该方法的优点是把涉及经济、社会、资源和环境等方面的众多因素组合为量纲统一的指标，解决了不同量纲的指标之间可综合性问题，把难以用货币术语描述的现象引入环境和社会的总体结构中，信息丰富、资料易懂、针对性强。

（4）协调度法

利用系统协调理论，以发展度、资源环境承载力和环境容量为综合指标来反映社会、经济、资源（包括水资源）与环境的协调关系，能够从深层次上反映水资源可持续利用所涉及的因果关系。

（5）多维标度方法

主要包括 Torgerson 法、K-L 方法、Shepard 法、Kruskal 法和最小维数法。与主成分分析方法不同，其能够将不同量纲指标整合，进行综合分析。

3. 水资源可持续利用评价指标

（1）水资源可持续利用的影响因素

水资源可持续利用的影响因素主要有：区域水资源数量、质量及其可利用量；区域社会人口经济发展水平及需水量；水资源开发利用的水平；水资源管理水平；区域外水资源调用的可能性等。

（2）选择水资源可持续利用评价指标

选择水资源可持续利用评价指标主要考虑以下因素：对水资源可持续利用有较大影响；指标值便于计算；资料便于收集，便于进行纵向和横向的比较。

（3）水资源水质达标率

水资源水质标准可选用水源水质标准或地面水水质标准。水质达标率是反映区域水资源受污染程度和水质管理水平的一个指标。

（4）区域供水量的替补率

区域外水资源经水利设施调入的水资源数量与区域供水量的比值定义为区域供水量的替补率。

在区域水资源贫乏的情况下，从区域外调水往往是区域水资源可持续利用的重要因素。

（5）社会发展和管理影响因子

以上指标都直接或间接地与社会发展和管理水平有关，但是社会发展和管理水平更多地影响了许多资源利用状况的变化及其速率，也极大地影响了区域资源供需状况的变化。

例如，社会人口、经济的增长将使需水量增加；节水措施的推广和科技水平的提高将使循环用水量增加、万元产值耗水量减少、亩均用水量减少、水资源利用效率提高，这些将使需水量减少。加强环境保护措施将使水质改善，但若环保不力，又将使水资源质量恶化，所有这些都将影响水资源持续利用。

所以，在水资源持续利用评价指标中除了有反映利用状态的指标外，还要增加反映利用状态变化率的指标，如此才更能体现持续利用评价的目标。综合这些影响利用状况变化的因素，我们称之为社会发展和管理影响因子 F。F 值的大小可根据需水量、可供水量、水污染状况等方面的年际变化率来估算，也可以采用德尔菲法、邀请专家评分来确定。

第二节　水资源承载能力分析

一、水资源承载能力的概念及内涵

（一）水资源承载能力的概念

目前，关于水资源承载能力的定义并无统一明确的界定，国内有两种说法：一种是水资源开发规模论；另一种是水资源支持持续发展能力论。

前者认为，水资源承载能力是"在一定社会技术经济阶段，在水资源总量的基础上，通过合理分配和有效利用所获得的最合理的社会、经济与环境协调发展的水资源开发利用的最大规模"或"在一定技术经济水平和社会生产条件下，水资源可供给工农业生产、人民生活和生态环境保护等用水的最大能力，即水资源开发容量"。后者认为，水资源的最大开发规模或容量相较于水资源作为一种社会发展的"支撑能力"而言，范围要小得多，含义也不尽相同。因此，将水资源承载能力定义为"经济和环境的支撑能力"。前者的观点适于缺水地区，而后者的观点更有普遍的意义。

考虑到水资源承载能力研究的现实与长远意义，对它的理解和界定要遵循下列原则：第一，必须把它置于可持续发展战略构架下进行讨论，离开或偏离社会持续发展模式是没有意义的；第二，要把它作为生态经济系统的一员，综合考虑水资源对地区人口、资源、环境和经济协调发展的支撑力；第三，要识别水资源与其他资源不同的特点，它既是生命、环境系统不可缺少的要素，又是经济、社会发展的物质基础，既是可再生、流动的、不可浓缩的资源，又是可耗竭、可污染、利害并存和不确定性资源。水资源承载能力除受自然因素影响外，还受许多社会因素影响和制约，如受社会经济状况、国家方针政策（包括水政策）、管理水平和社会协调发展机制等影响。因此，水资源承载能力的大小是随空间、时间和条件变化而变化的，且具有一定的动态性、可调性和伸缩性。

综上所述，水资源承载能力的定义为：某一流域或地区的水资源在某一具体历史发展阶段下，以可预见的技术、经济和社会发展水平为依据，以可持续发展为原则，以维护生态环境良性循环发展为条件，经过合理优化配置，对该流域或地区社会经济发展的最大支撑能力。

有关水资源承载能力的研究面对的是包括社会、经济、环境、生态、资源在内的错综复杂的大系统。在这个系统内，既有自然因素的影响，又有社会、经济、文化等因素的影响。为此，开展有关水资源承载能力研究工作的学术指导思想，应是建立在社会经济、生态环境、水资源系统的基础上，在资源—资源生态—资源经济科学原理指导下，立足于资源可能性，以系统工程方法为依据进行的综合动态平衡研究。

（二）水资源承载能力的内涵

从水资源承载能力的含义来分析，其至少具有如下几点内涵。

在水资源承载能力的概念中，主体是水资源，客体是人类及其生存的社会经济系统和环境系统，或者更广泛的生物群体及其生存需求。水资源承载能力就是要满足客体对主体的需求或压力，也就是水资源对社会经济发展的支撑规模。

水资源承载能力具有空间属性。它是针对某一区域来说的，因为不同区域的水资源量、水资源可利用量、需水量以及社会发展水平、经济结构与条件、生态环境问题等方面可能不同，水资源承载能力也可能不同。因此，在定义或计算水资源承载能力时，首先要圈定研究范围。

水资源承载能力具有时间属性。众多定义中均强调"在某一阶段"，这是因为在不同时段内，社会发展水平、科技水平、水资源利用率、污水处理率、用水定额以及人均对水资源的需求量等均有可能不同。因此，在水资源承载能力定义或计算时，也要指明研究时段，并注意不同阶段的水资源承载能力可能有变化。

水资源承载能力对社会经济发展的支撑标准应该以"可承载"为准则。在水资源承载能力概念和计算中，必须回答：水资源对社会经济发展支撑到什么标准时才算是最大限度的支撑。也只有在定义了这个标准后，才能进一步计算水资源承载能力。一般把"维系生态系统良性循环"作为水资源、承载能力的基本准则。

必须承认水资源系统与社会经济系统、生态环境系统之间是相互依赖、相互影响的复杂关系。不能孤立地计算水资源系统对某一方面的支撑作用，而是要把水资源系统与社会经济系统、生态环境系统联合起来进行研究，在水资源—社会经济—生态环境复合大系统中，寻求满足水资源可承载条件的最大发展规模，这才是水资源承载能力。

"满足水资源承载能力"仅仅是可持续发展量化研究可承载准则（可承载准则包括资源可承载、环境可承载。资源可承载又包括水资源可承载、土地资源可承载等）的一部分，它还必须配合其他准则（有效益、可持续），如此才能保证区域可持续发展。因此，在研究水资源合理配置时，要以水资源承载能力为基础，以可持续发展为准则（包括可承载、有效益、可持续），建立水资源优化配置模型。

（三）水资源承载能力衡量指标

根据水资源承载能力的概念及内涵的认识，对水资源承载能力可以用三个指标来衡量。

1. 可供水量的数量

地区（或流域）水资源的天然生产力有最大、最小界限，一般以多年平均产出量（水量）表示，其量基本上是个常数，也是区域水资源承载能力的理论极限值，可用总水量、单位水量表示。可供水量是指地区天然的和人工可控的地表与地下径流的一次性可利用的水量，其中包括人民生活用水、工农业生产用水、保护生态环境用水和其他用水等。可供水量的最大值将是供水增长率为零时的相应水量。

2. 区域人口数量限度

在一定生活水平和生态环境质量下，合理分配给人口生活用水、环卫用水所能供养的人口数量的限度，或者计划生育政策下，人口增长率为零时的水资源供给能力，也就是水资源能够养活人口数量的限度。

3. 经济增长的限度

在合理分配给国民经济的生产用水增长率为零时，或者经济增长率因受水资源供应限制为"零增长"时，国民经济增长将达到最大限度或规模，这就是单项水资源对社会经济发展的最大支持能力。

一个地区的人口数量限度和国民经济增长限度并不完全取决于水资源供应能力。但是，在一定的空间和时间，由于水资源紧缺和匮乏，它很可能是该地区持续发展的"瓶颈"资源，我们不得不早做研究，寻求对策。

二、水资源承载能力研究的主要内容、特性及影响因素

（一）水资源承载能力的主要研究内容

水资源承载能力研究是属于评价、规划与预测一体化性质的综合研究，它以水资源评价为基础，以水资源合理配置为前提，以水资源潜力和开发前景为核心，以系统分析和动态分析为手段，以人口、资源、经济和环境协调发展为目标，由于受水资源总量、社会经济发展水平和技术条件以及水环境质量的影响，在研究过程中，必须充分考虑水资源系统、宏观经济系统、社会系统以及水环境系统之间的相互协调与制约关

系。水资源承载能力研究的主要内容包括以下几点。

1. 水资源与其他资源之间的平衡关系

在国民经济发展过程中，水资源与国土资源、矿藏资源、森林资源、人口资源、生物资源、能源等之间的平衡匹配关系。

2. 水资源的组成结构与开发利用方式

包括水资源的数量与质量、来源与组成，水资源的开发利用方式及开发利用潜力，水利工程可控制的面积、水量，水利工程的可供水量、供水保证率。

3. 国民经济发展规模及内部结构

国民经济内部结构包括工农业发展比例、农林牧副渔发展比例、轻工重工发展比例、基础产业与服务业的发展比例等。

4. 水资源的开发利用与国民经济发展之间的平衡关系

使有限的水资源在国民经济各部门中达到合理配置，充分发挥水资源的配置效率，使国民经济发展趋于和谐。

5. 人口发展与社会经济发展的平衡关系

通过分析人口增长变化趋势、消费水平变化趋势，研究预期人口对工农业产品的需求与未来工农业生产能力之间的平衡关系。

通过上述内容的研究，寻求进一步开发水资源的潜力，提高水资源承载能力的有效途径和措施，探讨人口适度增长、资源有效利用、生态环境逐步改善、经济协调发展的战略和对策。

(二) 水资源承载能力的特性

随着科学技术的不断发展，人类适应自然、改造自然的能力逐渐增强，人类生存的环境正在发生重大变化，尤其是近年来，变化的速度渐趋迅速，变化本身也更为复杂。与此同时，人类对于物质生活的各种需求不断增长，因此水资源承载能力在概念上具有动态性、跳跃性、相对极限性、不确定性、模糊性和被承载模式的多样性。

1. 动态性

动态性是指水资源承载能力的主体（水资源系统）和客体（社会经

济系统）都随着具体历史的不同发展阶段呈动态变化。水资源系统本身量和质的不断变化导致其支持能力也相应发生变化，而社会体系的运动使得社会对水资源的需求也是不断变化的。这使得水资源承载能力与具体的历史发展阶段有直接的联系，不同的发展阶段有不同的承载能力，主要体现在两个方面：一是不同的发展阶段人类开发水资源的能力不同；二是不同的发展阶段人类利用水资源的水平也不同。

2．跳跃性

跳跃性是指承载能力的变化不仅仅是缓慢的和渐进的，在一定的条件下还会发生突变。突变可能是由于科学技术的提高、社会结构的改变或者其他外界资源的引入，使系统突破原来的限制，形成新格局。另一种是出于系统环境破坏的日积月累或在外界的极大干扰下引起的系统突然崩溃。跳跃性其实属于动态性的一种表现，但由于其引起的系统状态的变化是巨大的，甚至是突变的，因此有必要专门指出。

3．相对极限性

相对极限性是指在某一具体的历史发展阶段，水资源承载能力具有最大的特性，即可能的最大承载指标。如果历史阶段改变了，那么水资源的承载能力也会发生一定的变化，因此，水资源承载能力的研究必须指明相应的时间断面。相对极限性还体现在水资源开发利用程度是绝对有限的，水资源利用效率是相对有限的，不可能无限制地提高和增加。当社会经济和技术条件发展到较高阶段时，人类采取最合理的配置方式，使区域水资源对经济发展和生态保护达到最大支撑能力，此时的水资源承载能力达到极限理论值。

4．不确定性

不确定性的原因既可能来自承载能力的主体也可能来自承载能力客体。水资源系统本身受天文、气象、下垫面以及人类活动的影响，造成水文系列的变异，使人们对它的预测目前无法达到确定的范围。区域社会和经济发展及环境变化，是一个更为复杂的系统，决定着需水系统的复杂性及不确定性。两方面的因素加上人类对客观世界和自然规律认识的局限性，决定了水资源承载能力的不确定性，同时决定了它在具体的承载指标上存在着一定的模糊性。

5. 模糊性

模糊性是指由于系统的复杂性和不确定因素的客观存在以及人类认识的局限性，决定了水资源承载能力在具体的承载指标上存在着一定的模糊性。

6. 被承载模式的多样性

被承载模式的多样性也就是社会发展模式的多样性。人类消费结构不是固定不变的，而是随着生产力的发展而变化的，尤其是在现代社会中，国与国、地区与地区之间的经贸关系弥补了一个地区生产能力的不足，使得一个地区可以不必完全靠自己的生产能力生产自己的消费产品，因此社会发展模式不是唯一的。如何利用有限的水资源支持适合自己条件的社会发展模式则是水资源承载能力研究不可回避的决策问题。

（三）水资源承载能力的影响因素

通过水资源承载能力的概念和内涵分析看出，水资源承载能力研究涉及社会、经济、环境、生态、资源等在内的纷繁复杂的大系统，在这个大系统中的每个子系统既有各自独特的运作规律，又相互联系、相互依赖，因此涉及的问题和因素比较多，但影响水资源承载能力的主要因素可以总结为以下几个方面。

1. 水资源的数量、质量及开发利用程度

由于自然地理条件的不同，水资源在数量上都有其独特的时空分布规律，在质量上也有差异，如地下水的矿化度、埋深条件，以及水资源的开发利用程度与方式也会影响可以用来进行社会生产的可利用水资源的数量。

2. 生产力水平

在不同的生产力水平下利用单方水可生产不同数量和不同质量的工

农业产品，因此在研究某一地区的水资源承载能力时必须估测现状与未来的生产力水平。

3．消费水平与结构

在社会生产能力确定的条件下，消费水平及结构将决定水资源承载能力的大小。

4．科学技术

科学技术是生产力，高新技术将对提高工农业生产水平具有不可低估的作用，进而对提高水资源承载能力产生重要影响。

5．人口数量

社会生产的主体是人，水资源承载能力的对象也是人，因此人口与水资源承载能力具有互相影响的关系。

6．其他资源潜力

社会生产不仅需要水资源，还需要其他诸如矿藏、森林、土地等资源的支持。

7．政策、法规、市场、传统、心理等因素

一方面，政府的政策法规、商品市场的运作规律及人文关系等因素会影响水资源承载能力的大小；另一方面，水资源承载能力的研究成果又会对它们产生反作用。

三、水资源承载能力与相关研究领域之间的关系

（一）与土地资源承载能力的关系

土地资源人口承载能力的研究始于联合国粮农组织（FAO）对发展中国家的土地资源人口承载能力所进行的研究工作，我国在总结吸取国内外经验教训的基础上开始从事这一方面的研究，经过多年研究，无论在理论方法还是在实际应用中都取得了丰富的成果。

水资源承载能力主要用于研究缺水地区特别是干旱、半干旱地区的工农业生产乃至整个社会经济发展时，对水资源供需平衡与环境的分析

评价。到目前为止，国际上很少有专门以水资源承载能力为专题的研究报道，大都将其纳入可持续发展的范畴，进行水资源可持续利用与管理的研究。我国面临巨大的人口和水资源短缺压力，因此专门提出水资源承载能力的问题，水资源承载能力正成为水资源领域的一个新的研究热点。

土地资源承载能力研究的核心是土地生产能力，水资源承载能力研究的核心是水资源生产能力，土地资源生产能力与水资源生产能力也有所不同。可以这样认为，土地资源生产能力研究的重点是农产品的生产量，因而土地资源承载能力是在温饱水平上的承载能力；由于水资源不仅涉及农业生产，而且还涉及工业生产、环境保护等方面，因此，水资源承载能力对承载人口的生活水平有更全面的把握。

应该说，研究一个地区的水土资源承载能力才是比较客观、比较全面的，对于制定社会经济发展策略具有更加现实的意义。但是，不同地区具有不同的自然地理条件，制约社会经济发展的因素也有不同的体现。我国江南地区水资源丰富，但人口密集，缺乏耕地，相对来说土地资源承载能力研究具有更重要的意义。当然，水资源承载能力与土地资源承载能力也是相辅相成的，二者不能完全割裂开来，即研究土地资源承载能力时不能忽略水的供需平衡问题，研究水资源承载能力时也不能不考虑耕地的发展问题。

（二）与水资源合理配置和生态环境保护的关系

水资源是人类生产与生活活动的重要物质基础。随着社会的不断进步和生产的不断发展，人们对水的质量和数量的需求也会越来越高。另外，自然界所能提供的可用水资源量是有一定限度的，需求与供给之间的矛盾将日趋尖锐，国民经济内部有用水矛盾，国民经济发展与生态环境保护之间也有用水矛盾。如何充分开发利用有限的水资源，最大限度地为国民经济发展和生态环境保护服务则成为各级政府部门所关心的问题，也是水资源合理配置研究的主题。

对于我国，特别是华北地区和西北地区，实施水资源合理配置具有更大的紧迫性。其主要原因：一是水资源的天然时空分布与生产力布局严重不相适应；二是在地区间和各用水部门间存在着很大的用水竞争性；三是近年来的水资源开发利用方式已经导致许多生态环境问题。上述原因不仅是实施水资源合理配置的必要条件，更是保证合理配置收到较好经济、生态、环境与社会效益的客观基础。

水资源合理配置研究和水资源承载能力研究互为前提。水资源配置方案的合理性应体现三个方面，即国民经济发展的合理性、生态环境保护目标的合理性以及水资源开发利用方式的合理性。在得出合理的水资源配置方案之后，方可进行水资源承载能力研究，继而按照承载能力研究的结论修正水资源的配置方案，这样周而复始，多次反馈迭代之后，才能得出真正意义下的水资源合理配置方案和承载能力。

（三）与可持续发展的关系

水资源承载能力概念是在 20 世纪 80 年代末提出的，虽然在我国北方部分地区进行了探索性研究，但水资源承载能力概念与理论还只是处于萌芽阶段。严格地说，承载能力概念提出略早，合理配置略迟，可持续发展最后。这几个概念几乎同时被提出来不是历史的偶然，而是历史的必然，是人类通过近一个世纪以来的社会实践总结出来的，这说明人类已经认识到环境资源是有价值的，而且是有限的。

这几个概念本质上是相辅相成的，都是针对当代人类所面临的人口、资源、环境方面的现实问题，都强调发展与人口、资源、环境之间的关系，但是侧重点有所不同，可持续观念强调了发展的公平性、可持续性以及环境资源的价值观，合理配置强调了环境资源的有效利用，承载能力强调了发展的极限性。

可持续发展是一种关于自然界和人类社会发展的哲学观。可持续发展是水资源合理配置与承载能力理论研究的指导思想。水资源合理配置与承载能力理论研究是可持续发展理论在水资源领域中的具体体现和具体应用，其中合理配置是可持续发展理论的技术手段，承载能力是可持续发展理论的结论。也就是说，水资源开发利用只有在进行了合理配置和承载能力研究之后才是可持续的；反之，要想使水资源开发利用达到可持续，必须进行合理配置和承载能力研究。

四、水资源承载能力指标体系

（一）建立指标体系的指导思想

可持续发展指标体系既是可持续发展决策的重要工具，又是对可持续进行科学评价和决策支持系统的一个重要组成部分。可持续发展指标体系的功能有三个方面：一是描述和反映任何一个时间点上的（或时期）经济、社会、人口、环境、资源等各方面可持续发展的水平或状况；二是评价和监测一定时期内以上各方面可持续发展的趋势及速度；三是综合测度可持续发展整体的各个领域之间的协调程度。

建立水资源承载能力指标体系的指导思想是从我国水资源短缺这个基本国情出发，借鉴国外或国内其他部门的先进经验，建立具有实际操作意义的，全面反映我国社会经济和生态环境可持续发展状况与进程、水资源可持续开发的状况与进程及它们之间相互协调程度的指标体系及评价方法，科学地指导水资源管理。

（二）建立指标体系的基本原则

1. 科学性原则

即按照科学的理念，也就是可持续发展理论定义指标的概念和计算方法。

2. 整体性原则

即水资源承载能力指标体系既要有反映社会、经济、人口的指标，又要有反映生态、环境、资源等系统的发展指标，还要有反映上述各系统相互协调程度的指标。

3. 动态性与静态性相结合原则

即指标体系既反映系统的发展状态，又反映系统的发展过程。

4．定性与定量相结合原则

指标体系应尽量选择可量化指标，难以量化的重要指标可以采用定性描述指标。

5．可比性原则

即指标尽可能采用标准的名称、概念、计算方法，做到与国际指标的可比性，同时又要考虑我国的历史情况。

6．可行性原则

指标体系要充分考虑到资料的来源和现实可能性。

（三）水资源承载能力评价指标体系

水资源承载能力评价指标体系是对在不同时段、不同策略下水资源承载能力进行综合评判的工具。根据水资源承载力的影响因素、建立指标体系的指导思想及指标选定原则，从水资源可供水量如需水量、社会经济承载能力、承载人口能力、水环境容量等方面，综合考虑建立水资源承载能力评价体系，并采用层次分析方法进行评价，根据各指标的隶属关系及每个指标类型，将各个指标划分为不同层次，建立层次的递阶结构和从属关系。衡量水资源承载能力的最终指标是区域水资源某一发展阶段下，维护良好生态环境所能承载的最大人口数量与经济规模。

五、水资源承载能力研究展望

根据水资源承载能力研究的进展以及发展的要求，今后水资源承载能力研究主要集中在以下几个方面。

（一）以资源的可持续利用为中心，研究区域水资源的承载能力

可持续发展的核心是指人类的经济和发展不能超越资源与环境的承载能力，主张人类之间及人类与自然之间和谐相处。对水资源来说，就是将水资源的开发利用提高到人口、经济、资源和环境四者协调发展的高度认识。水资源开发利用必须与可持续发展统一起来。水资源对社会

经济的承载能力是维持水资源供需平衡的基础，也是可持续发展的重要指标之一。

（二）由静态分析走向动态预测，日趋模式化

随着水资源承载能力研究的不断深入，在计算机技术支持下，各种数理方法进入承载能力研究领域，模式趋向日益普遍，如系统动力学模型、多目标规划模型、目标规划模型、模糊评价模型、层次分析模型和主成分分析模型等。数学模型的大量采用，极大地提高了水资源承载能力研究的定量化水平和精确程度，促使承载能力的研究更加结合和深入。

（三）大系统、多目标综合研究趋势

水资源系统本身是一个高度复杂的非线性系统，其功能与作用是多方面、多层次的。影响水资源承载能力的因素，不仅包含资源的量与质，而且还包括政策、法规、经济和技术水平、人口状况、生态环境状况和水资源综合管理水平等。因此，那些能够包含影响水资源承载能力的众多因素的量化方法将会为社会经济、人口发展规划决策提供更切合实际、更加准确的依据。

（四）量化模型趋于随机、动态化

由于水资源本身就是随机多变的，系统的输入及作用于系统的环境是随机的，而且数据观测、计算误差波动也是随机的。就某一区域而言，水资源的承载力不是静态的，而是变化的、动态的。随着水资源管理水平的提高，水资源的深度开发（污水资源化等）及节水技术和节水意识的提高，即使在资源量不变的情况下，水资源承载能力也将会增大；反之，由于污染、过度开发等使水资源退化，将导致水资源承载能力的下降。所以，随机动态的水资源承载能力量化模型更为现实逼真。

（五）水资源承载能力和环境人口容量之类的研究日趋活跃

水资源承载能力研究仅限于水资源对人口和经济的载量，特别是水资源与人口协调关系，具有很大的片面性和局限性。承载能力研究的根

本目标在于找到一整套资源开发利用的措施或方案，使之既能满足社会需求，又能在政治上、经济上可行，在环境方面以稳妥的速度开发利用自然资源，以达到可持续发展。因此，从整体上进行包括能源与其他自然资源以及智力、技术等在内的资源承载能力研究更具有现实意义。

（六）特定地区（特别是生态脆弱地区）的水资源承载能力研究受到重视

绿洲水资源承载能力将在干旱区得到进一步丰富与发展。随着干旱区社会经济的发展，特殊的自然与生态环境使得干旱区面临着比其他地区更为严峻的资源与环境问题，承载能力理念逐渐引入绿洲，产生了"绿洲承载能力"的概念。

第三节　水资源保护

水资源保护是一项十分重要、十分迫切、十分复杂的工作，主要包括污染源控制、工程控制、管理控制和法律法规控制四大方面措施。

一、污染源控制

污染源控制可分为水体外部的污染源控制与水体内部的污染控制两部分。外源控制又包括点源控制与非点源控制两部分，其控制对象包括生活污水、工业废水、畜禽养殖的粪尿与废水、农田施肥、生活垃圾及固体废物的倾倒与堆放控制，以及大气污染物沉降控制等。

污染源的控制有些可以采用集中的工程措施，有些需要在源头采取单独的措施。

内源污染的控制主要指江、河、湖、库水体中污染物转化和底泥积聚与释放的控制。现对各种污染源及其污染物的控制分别剖析。

（一）生活污水

排入江、河、湖、库的生活污水，一部分来自城镇建筑群，对于这类污水，应修建与完善下水道系统以截流、输送至污水处理厂进行集中处理。另一部分的生活污水来自零散分布的建筑物，这些建筑物与公共市政下水道距离较远，产生的生活污水不可能送至城市污水厂。为此，必须修建就地处理污水的设施，如化粪池、地下土壤渗滤处理系统及地下毛管渗滤处理系统，也可采用稳定塘或湿地处理系统。

（二）工业废水污染对策与措施

纵观国内外工业废水污染防治的经验教训，可以得出十分明确的结论：对工业废水污染防治必须采取综合性的对策措施，并可分为宏观性控制、技术性控制以及管理性控制三大类。其中，发展清洁生产及节水减污应该是控制工业废水污染最重要的对策与措施。

（1）宏观性控制措施。我国工业生产正处于关键发展阶段，应遵循可持续发展的原则，深化改革，完成结构优化，与水资源开发利用与保护相协调。因此，在发展中不应再发展那些能耗大、用水多、占地多、运输量大、污染扰民的工业，工业结构的调整应以降低单位工业产品或产值的排水量及污染物排放负荷为重点。

（2）加强对工业企业的技术改造，积极推广清洁生产。发展清洁生产与绿色产业是近年来国内外工业可持续发展与环境保护的一个热点。在水资源保护管理中应注意促进清洁生产在我国的实施。

（3）加强水资源保护管理，全面推行污染物排放总量控制与取排水许可证制。污染物排放总量控制是对应于污染物排放浓度控制而言的。长期以来，我国工业废水的排放实施浓度控制的方法，即按照污染物的危害程度分别规定它们在工业废水排放口的许可最高浓度。浓度控制的实施对减少工业污染物的排放起到了积极的作用，但也出现了某些工厂采用清水稀释废水以降低污染物浓度的不正当做法。其结果是污染物排放量并没有得到控制，反而浪费了大量清水。污染物排放总量控制的实质是既要控制工业废水中污染物的浓度，也要控制工业废水的排放量，在此基础上使排放入水体的污染物总量得到控制。取水与排污许可证制度是水资源开发利用与保护的重要管理手段，对水资源保护具有重要作用。

（4）厉行节水减污，提高工业用水重复利用率。

（5）加强工业企业内的终端处理。

（三）畜禽养殖场废水

畜禽养殖场废水包括畜禽粪尿及各种冲洗废水。这类废水污染物含量很高，特别是氮、磷、钾等营养素负荷高，致病菌、病毒含量也很高，如不妥善处理，对江、河、湖、库水质污染甚大。因此，流域内畜禽养殖场粪尿及废水一定要经妥善处理达到排放标准后才允许外排。

（四）农田施肥

农业生产中施用大量的化肥，其中主要是氮、磷类肥料随着地表径流、水土流失等途径流入水体。因此，在汇流流域内，应合理管理农田，控制施肥量，避免过度施肥，加强水土保持，避免水土流失。在有条件的地方，宜建立缓冲带，改变耕种方式，以减少肥料的施用量与流失量。

（五）生活垃圾和固体废物

生活垃圾和固体废物产生量日益增加，很多地方却没有采取妥善的处置与处理措施。任意向河道及湖库倾倒垃圾及废物，或在湖畔任意堆置的现象仍比较普遍，这会对水体造成严重污染，应严格加以取缔和控制。

总之，为加强对污染源的控制，首先应进行详尽调研和监测，弄清其来源及排污量，分析其时空分布。然后，在此基础上进行全面规划，制定污染物逐年削减量的规划，实行总量控制，并将削减任务落实到各污染源。

二、水资源保护工程措施

水资源保护可采取的工程措施包括水利工程、农林工程、市政工程、生物工程等措施。

（一）水利工程措施

水利工程在水资源保护中具有十分重要的作用。水利工程的引水、调水、蓄水、排水等各种设施，只要加以正确利用，可以极大改善水质状况。

1. 调蓄水工程

通过江、河、湖、库水系上一系列的水利工程，改变天然水系的丰、枯水期水量不平衡状况，控制江河径流量，使河流在枯水期具有一定的水量来稀释、净化污染物质，改善水资源质量。特别是水库的建设，可以明显改变天然河道枯水期径流量，改善水环境状况。

2. 进水工程措施

从汇水区来的水一般要经过若干沟、渠、支河流入湖泊、水库，在其进入湖库之前可设置一些工程设施控制水量水质。

（1）设置前置库。对库内水进行渗滤或兴建小型水库调节沉淀，确保水质达到标准后才能汇入到大中型江、河、湖、库之中。

（2）兴建渗滤沟。此种方法适用于径流量波动小、流量小的情况下，这种沟也适用于农村、畜禽养殖场等分散污染源的污水处理，属于土地处理系统。在土壤结构符合土地处理要求且有适当坡度时可考虑采用。

（3）设置渗滤池。在渗滤池内铺设有人工的渗滤层。

3. 湖、库底泥疏浚

湖、库底泥疏浚是解决内源磷污染释放的重要措施，能将营养物直接从水体取出。但是，又产生污泥处置和利用问题。可将疏浚挖出的污泥进行浓缩，上清液经除磷后打回湖、库中。污泥可直接施向农田，用作肥料，并改善土质。

4. 污水走廊工程

根据当地水系特点和污染源分布状况，采用污水走廊的方法处置污水，利用河流的净化能力和送污集中处理方法，改变水质状况。

5．人工曝气

（1）对分层的湖、库水层进行人工混合。采用曝气机进行水层人工混合，将导致水体中藻类群体结构、数量和繁殖生长速率等发生变化，同时也能向水体增氧以补偿由于水生生物新陈代谢活动引起的缺氧。人工曝气混合将水体内浮游植物输送到光照微弱的深水层，导致生物内源呼吸速率超过光合作用速率。而且，混合分层有利于浮游动物的生存。由于人工混合导致水质较混浊，亦能抑制藻类的生长繁殖，通过浮游动物吞食藻类，进而控制其生长。人工混合较适合于水深比较均匀的湖泊、水库的应用。

（2）下层曝气。从水库底部将压缩空气引入圆柱体，在空气上升过程中与水充分混合，达到使水体复氧的目的。

（二）农林工程措施

1．节水灌溉

通过农田节水灌溉，减少农田退水，降低农业面源污染物进入江、河、湖、库。

2．减少农药、化肥的施用量

农药、化肥是农业生产影响水资源主要因素，因此，减少施用量就是减少污染物。

3．植树造林，涵养水源

植树造林，绿化江、河、湖、库周围山丘大地，以涵养水源，净化空气，减少氮干湿沉降，建立美好生态环境。

4．建立种植业、养殖业、林果业相结合的生态工程

将畜禽养殖业粪尿利用于粮食瓜果的种植业，形成一个封闭系统，使生态系统中产生的营养素在系统中循环利用，而不排入水体。结合小流域整治，减少水土流失，防止泥石流及塌方。

5．发展生态农业

积极发展生态农业，增加有机肥料，减少化肥施用量。

（三）市政工程措施

1. 完善下水道系统工程建设污水/雨水截流工程

截断向江、河、湖、库水体排放污染物是控制水质的根本措施之一。我国部分城市的下水道系统为合流制系统，这是一种既收集、输送污水，又收集、输送降雨后地表排水的下水道系统。在晴天，它仅收集、输送污水至城市污水处理厂处理后排放；在雨天，由于截流管的容量及输水能力的限制，仅有一部分雨水污水的混合污水可送至污水处理厂处理，其余的混合污水则就近排入水体，往往造成水体的污染。为了有效地控制水体污染，应对合流下水道的溢流进行严格控制，其措施与办法主要为：源控制；优化排水系统；改合流制为分流制；加强雨水/污水的贮存；积极利用雨水资源。

2. 建设城市污水处理厂并提高其功能

城市污水处理厂规划是一个十分重要又非常复杂的过程。它必须基于城市的自然、地理、经济及人文的实际条件，同时考虑到城市水污染防治的需要及经济上的可能；它应该优先采用经济价廉的天然净化处理系统，也应在必要时采用先进高效的新技术新工艺；它应满足当前城市建设和人民生活的需要，也应预测并满足一定规划期后城市的需要。总之，这是一项系统工程，需要进行深入细致的技术经济分析。

3. 城市污水的天然净化系统

城市污水天然净化系统是利用生态工程学的原理及自然界微生物的作用，对废水污水实现净化处理。在稳定塘、水生植物塘、水生动物塘、湿地、土地处理系统，以及上述处理工艺的组合系统中，菌藻及其他微生动物、浮游动物、底栖动物、水生植物和农作物等，进行多层次、多功能的代谢过程，还有相伴随的物理的、化学的、物理化学的多种过程，可使污水中的有机污染物、氮、磷等营养素及其他污染物进行多级转换、利用和去除，从而实现废水的无害化、资源化与再利用。因此，天然净化符合生态学的基本原则，而且具有投资少、运行维护费低、净化效率高等优点。

（四）生物工程措施

利用水生生物及水生态环境食物链系统达到去除水体中氮、磷和其他污染物质目的。其最大特点是投资少、效益好，且有利于建立合理的水生生态循环系统。

三、水资源保护管理措施

（1）明确江、河、湖、库的水体功能与水质保护目标。水功能区划是水资源保护管理的重要依据，因此，要管理好水资源首先必须划定水体功能。

（2）明确污染负荷控制为水资源保护的中心环节，科学制定污染物排放标准与水质标准。

（3）加强水域水质的监测、监督、预测及评价工作。加强水质的监测和监督工作不应是静态的，而应是动态的。只有时时清楚污染负荷的变化和水体水质状况的响应关系，才能对当时所采取的措施是否有效作出评判，并及时调整其实施措施的步骤。此外，水质监测一定要考虑其频率、布点及自动采集和处理等。

（4）积极实施污染物排放总量控制。

四、水资源保护法律法规措施

水资源保护的法律法规措施应从以下方面考虑：建立和完善水资源保护管理体制和运行机制；运用经济杠杆作用；加强水资源保护政策法规的建设；依法行政，建立水资源保护法规体系和执法体系，并进行统一监督与管理；制定并完善水资源保护的法规，如《水功能区管理办法》《入河排污口管理办法》《省际间水质断面管理办法》等。

参考文献

[1]张鹏.水利工程施工管理[M].郑州:黄河水利出版社,2020.

[2]闫国新,吴伟.水利工程施工技术[M].北京:中国水利水电出版社,2020.

[3]谢文鹏,苗兴皓,姜旭民.水利工程施工新技术[M].北京:中国建材工业出版社,2020.

[4]倪泽敏.生态环境保护与水利工程施工[M].长春:吉林科学技术出版社,2020.

[5]赵永前.水利工程施工质量控制与安全管理[M].郑州:黄河水利出版社,2020.

[6]朱显鸽.水利水电工程施工技术[M].郑州:黄河水利出版社,2020.

[7]闫国新.水利水电工程施工技术[M].郑州:黄河水利出版社,2020.

[8]张义.水利工程建设与施工管理[M].长春:吉林科学技术出版社,2020.

[9]王立权.水利工程建设项目施工监理概论[M].北京:中国三峡出版社,2020.

[10]代培,任毅,肖晶.水利水电工程施工与管理技术[M].长春:吉林科学技术出版社,2020.

[11]王仁龙.水利工程混凝土施工安全管理手册[M].北京:中国水利水电出版社,2020.

[12]马志登.水利工程隧洞开挖施工技术[M].北京:中国水利水电出版社,2020.

[13]罗永席.水利水电工程现场施工安全操作手册[M].哈尔滨:哈尔滨出版社,2020.

[14]束东.水利工程建设项目施工单位安全员业务简明读本[M].南京：河海大学出版社,2020.

[15]刘志强,季耀波,孟健婷.水利水电建设项目环境保护与水土保持管理[M].昆明：云南大学出版社,2020.

[16]陈邦尚,白锋.水利工程造价[M].北京：中国水利水电出版社,2020.

[17]宋美芝,张灵军,张蕾.水利工程建设与水利工程管理[M].长春：吉林科学技术出版社,2020.

[18]范涛廷,柏杨,祝伟.水利与环境信息工程[M].哈尔滨：哈尔滨地图出版社,2020.

[19]夏祖伟,王俊,油俊巧.水利工程设计[M].长春：吉林科学技术出版社,2020.

[20]张雪锋.水利工程测量[M].北京：中国水利水电出版社,2020.

[21]王锋峰,陈德令,黄海燕.水利工程概论[M].天津：天津科学技术出版社,2020.

[22]杨永刚,秦作栋,薛占金.汾河流域水文水资源集成研究[M].北京：科学出版社,2016.

[23]程建伟,刘猛,段柏林.黄河水沙分析及防洪工程实践[M].郑州：黄河水利出版社,2016.

[24]余新晓,张建军,马岚.水文与水资源学[M].北京：中国林业出版社,2016.

[25]石岩,樊华.水资源优化配置理论及应用案例[M].北京：中国水利水电出版社,2016.

[26]王晓红,乔云峰.环境变化条件下的地表水资源评价方法及应用[M].北京：中国水利水电出版社,2016.

[27]刘新有.怒江流域水文水资源研究[M].北京：中国水利水电出版社,2017.

[28]张彦增,乔光建,崔希东.衡水市水文水资源分析与综合利用[M].北京：中国水利水电出版社,2017.

[29]齐跃明,宁立波,刘丽红.水资源规划与管理[M].徐州:中国矿业大学出版社,2017.

[30]赵焱,王明昊,李皓冰.水资源复杂系统协同发展研究[M].郑州:黄河水利出版社,2017.

[31]黄显峰.水资源系统混沌分析方法及其应用[M].北京:中国水利水电出版社,2017.

[32]王永党,李传磊,付贵.水文水资源科技与管理研究[M].汕头:汕头大学出版社,2018.

[33]冯起.干旱内陆河流域水文水资源[M].北京:科学出版社,2018.